Aktuelle Werkstoffe

Hansgeorg Hofmann • Jürgen Spindler

Aktuelle Werkstoffe

Neue Materialien für innovative Produkte

Springer Vieweg

Hansgeorg Hofmann
Hochschule Mittweida
Mittweida, Deutschland

Jürgen Spindler
Hochschule Mittweida
Burgstädt, Deutschland

ISBN 978-3-662-59439-1 ISBN 978-3-662-59440-7 (eBook)
https://doi.org/10.1007/978-3-662-59440-7

Die Deutsche Nationalbibliothek verzeichnet diese Publikation in der Deutschen Nationalbibliografie; detaillierte bibliografische Daten sind im Internet über ▶ http://dnb.d-nb.de abrufbar.

Springer Vieweg

Springer Vieweg ist ein Imprint der eingetragenen Gesellschaft Springer-Verlag GmbH, DE und ist ein Teil von Springer Nature.
Die Anschrift der Gesellschaft ist: Heidelberger Platz 3, 14197 Berlin, Germany

Vorwort

Mit diesem Kompendium möchten wir Ingenieure und technikinteressierte Leser überzeugen, dass es möglich ist, mit naturwissenschaftlichen Grundlagenkenntnissen sowohl die Entwicklungsrichtung als auch die Eigenschaften neuer Werkstoffe zu verstehen. Aktuelle Werkstoffe zeigen besonders deutlich, dass man insbesondere ihre molekularen und atomaren Strukturen nutzen muss, um ihr Eigenschaftsreservoir auszuschöpfen. Es gilt nicht nur, diese Ergebnisse zu akzeptieren und anzuwenden, sondern auch, deren Ursachen zu verstehen.

Ausgehend von den Anwendungsgebieten stellen wir neue Werkstoffe vor und beschreiben deren Eigenschaften. Darüber hinaus zeigen wir die theoretischen Hintergründe auf. Dazu sind in einem Glossar jeweils einzelne Sachverhalte aus chemischer und physikalischer Sicht dargestellt.

Als grundsätzliche Eigenschaften betrachten wir das Verhalten der Werkstoffe bei mechanischer Belastung und chemischer Wechselwirkung, ihr Verhalten im elektrischen und magnetischen Feld sowie ihre Beeinflussbarkeit durch Temperaturänderungen.

Wir tun das, indem wir darstellen, gegenüberstellen und vergleichen.

Inhaltsverzeichnis

Abkürzungen

ASM	Asynchronmaschine
BRAM	Brennstoff aus Müll, bzw. Abfall
CAES	Druckluftspeicher-Gasturbinen-Kraftwerke (nach der englischen Bezeichnung: Compressed Air Energy Storage)
CBN	Cubic Boron Nitride (kubisches kristallines Borntrid)
CCS	Carbon Dioxide Capture and Storage
CFK	Kohlenstofffaserverstärkter Kunststoff
CMC	Ceramic Matrix Composites
CNT	Carbon Nano Tubes
CRT	Katodenstrahlröhre
CVD	Chemical Vapours Depostion
DMS	Dehnungsmessstreifen
DRAM	Dynamischer RAM
EBPVD	Eletron Beam Physical Vapour Deposition
ECA	Elektrochemische Aktoren
EEG	Erneuerbare Energien Gesetz
EMV	Elektromagnetische Verträglichkeit
ERF	Elektrorheolgische Flüssigkeit
ESG	Einscheiben-Sicherheitsglas
FAA	Federal Aviation Administration
FDM	Fused Deposition Modeling
FED	Feldemissionsbildschirm
FeRAM, FRAM	Ferroelektrischer RAM
FET	Feldeffekttransistor
FGL	Formgedächtnislegierungen
FVK	faserverstärkten Kunststoffen
GFK	glasfaserverstärkte Kunststoffe
GLARE	Glasfaserverstärktes Aluminium, Hybridwerkstoff
GMR-Effekt	Giant-Magnetoresistance-Effekt
GP	Guinier-Preston-Zone
HGÜ	Hochspanungs-Gleichstrom-Übertragung
HOMO	Highest Occupied Molecular Orbital
HPC	High Performance Concrete, (engl. für Hochleistungsbeton)
HSC	Hochfestbeton
HTSL	Hochtemperatursupraleiter
HVOF	High Velocity Oxy Fuel spraying
IGBT	Insulated Gate Bipolar-Transistor
IRED	Infrarot emittierende Dioden
ITO	Indium-Zinn-Oxid
LC	Liquid crystal (Flüssigkristall)
LCD	Liquid Crystal Display
LCP	Liquid crystal polymer (Flüsigkristallines Polymer)
LED	Light Emitting Diode
LLK	Lichtleitkabel
LOM	Laminated Object Modeling
LUMO	Lowest Unoccupied Molecular Orbital
LWL	Lichtwellenleiter
MAG	Metall-Aktivgas-Schweißen
MIG	Metall-Inertgas-Schweißen
MKD	Monokristaliner Diamant
MMC	Metal Matrix Composites
MOSFET	Metalloxid Feldeffekt Transistor
MRAM	magnetische RAM

MRAM Magnetischer RAM

MRF Magneto-Rheologische-Flüssigkeit

MTJ-Technologie Magnetic Tunnel Junction

NTC Widerstand mit negativem Temperaturkoeffizient (Thermistor)

OEM Original Equipment Manufacturer

OLED Organic Light Emitting Diodes

PC Polycarbonat

PCBN Polykristallines kubisches Bornitrid

PCM Phase Charge Materials

PDP Plasmabildschirm

PEM Protonen Exchange Membrane

PFRAM Polymer Ferroelectric RAM

PKD Polykristalliner Diamant

PKD Polykristalliner Diamant

PLZT Blei-Lanthan-Zirkon-Tianat

PM Permanentmagnet-Synchronmotor

PMA Pyromechanische Aktoren

PMMA Polymethylmethacrylat

PMN Blei-Magnesium -Niobat

PT Bleititanat

PTC Widerstand mit positiven Temperaturkoeffizient (Thermistor)

PVD Physical Vapour Deposition

PVDF Polyvinilydendifluorid

PZT Blei-Zirkonat-Titanat

RAM Random Access Memories

ReRAM Resistive RAM

RME Rapsöl-Methylester

RTM-Prozess Resin Transfer Molding

SME Shape Memory Effekt

SMES Supraleitende-Magnetische-Energie-Speicher

SPS Sandwich-Plate-System

SRAM Statischer RAM

STT (MRAM) Spin Transfer Torque RAM

TCP-Phasen Topologicaly Closed Packed Phases

TFT-Display Thin Film Transitor Anzeige

TGS Triglycinsulfat

T-RTM-Prozess Thermoplast-Resin Transfer Molding

TVG Thermisch Vorgespantes Glas

Einleitung

H. Hofmann, J. Spindler, *Aktuelle Werkstoffe*, https://doi.org/10.1007/978-3-662-59440-7_1

In der Werkstoffentwicklung steht einerseits das Bestreben im Vordergrund, insbesondere in den letzten Jahrzehnten, die exzellenten Eigenschaften einzelner Werkstoffgruppen zu kombinieren, um einerseits neue Anwendungen zu erschließen, andererseits die Entwicklung völlig neuer Werkstoffe, wie z. B. OLED, Nanotubes , Fullerene und flüssigkristalline Werkstoffe (LC, LCP). Ein Auslöser dafür ist die weitgehende Erschöpfung des nutzbaren Eigenschaftspotenzials klassischer Werkstoffgruppen, wie Eisenwerkstoffe, Halbleiter auf Si-Basis, einschließlich der Elementwerkstoffe C, Ge, Cu, Ag, Au, Pt u. a..

Was beinhaltet der Begriff *„neuer, moderner bzw. aktueller Werkstoff"*?

Er beschreibt die Möglichkeiten der Veränderung des Eigenschaftspotenzials etablierter Werkstoffe u. a. durch:

- Legierungen in neuer Zusammensetzung und Struktur
- Kombinationen von Werkstoffen (Faserverbunde, Flächenverbunde)
- Funktionelle Oberflächen
- Veränderung der Morphologie
- Anwendung der Nanotechnik
- Anwendung neuer Fertigungsverfahren

Solche Werkstoffe lassen sich nur dann entwickeln, wenn klare wirtschaftliche und politische Zielstellungen formuliert werden und entsprechende finanzielle Mittel und personelle Fonds zur Verfügung stehen, wie das in nachfolgendem Zitat zum Ausdruck kommt:

> *„Während in der Grundlagenforschung punktuell einzelne Fragestellungen aufgegriffen und bearbeitet werden, …* (müssen sich Forschungseinrichtungen) … *entsprechend der Nachfrage der Industrie dahingehend orientieren, dass nicht mehr nur Einzellösungen, sondern Systemlösungen angeboten werden müssen, um wirtschaftlich zu überleben."* [1]

Bei aller notwendigen Vielfalt für die Charakterisierung aktueller Werkstoffe reduzieren sich die Forschungs- und Entwicklungsarbeiten letztlich auf die Energieerzeugung ohne CO_2-Freisetzung, eine größtmögliche sparsame Energienutzung und auf die Erschließung organischer Verbindungen als Werkstoff.

Diesem Anliegen entsprechen zahlreiche Förderprogramme, wie „Neue Werkstoffe für urbane Infrastrukturen – HighTechMatBau" innerhalb des Rahmenprogramms „Werkstoffinnovationen für Industrie und Gesellschaft – WING" vom BMF und dem Programm „Neue Werkstoffe" (BayNW) … des Freistaates Bayern [2]. Das Programm BayNW formuliert nachfolgende beispielhafte Schwerpunkte:

- Werkstoffe für die Energietechnik, insbesondere für die Speichertechnologie sowie für Energie einsparende Anwendungen,

- Leichtbauwerkstoffe,
- Verbundwerkstoffe und Werkstoffverbunde,
- Substitution ressourcenbeschränkter Materialien und Verfahren zur Wiederverwertung,
- Modellierung und Simulation von Material- und Werkstoffeigenschaften sowie Verarbeitungsprozessen,
- funktionalisierte Oberflächen und Funktionswerkstoffe,
- Entwicklung innovativer Verfahrenstechnologien zur Herstellung von Materialien und Fertigung sowie Funktionalisierung von Werkstoffen.

Zur Darstellung von Ergebnissen zur Entwicklung neuer Werkstoffe lassen sich zwei Wege beschreiten, erstens geht man von Anwendungsfeldern (siehe ► Tab. 2.1) aus und ordnet ihnen Werkstoffe bzw. -gruppen zu und zweitens kann man den umgekehrten Weg gehen. In der Darstellung sollen die Anwendungsfelder neuer Werkstoffe den Ausgangspunkt bilden. An geeigneter Stelle erfolgt auf der Basis von Grundlagenkenntnissen die Veranschaulichung der chemischen, physikalischen und technologisch bedingten Vorgänge im Werkstoff, die zu den neuen Eigenschaften führen.

Mit der Anwendung neuer Werkstoffe, insbesondere dem verstärkten Einsatz von Kunststoffen, ergibt sich ein spezielles Problem der Umweltbelastung in Form von Mikroplastik. Was ist unter Mikroplastik zu verstehen?

Nach Definition des BUND fallen unter den Begriff **Mikroplastik** alle Partikel aus festen und unlöslichen Kunststoffen, die kleiner als fünf Millimeter sind. Das Auftreten von Mikroplastik resultiert aus zwei wesentlichen Eigenschaften von Kunststoffen, die andere Werkstoffgruppen nicht besitzen das sind hohe chemische Beständigkeit, aber UV-empfindlich und geringe mechanische Stabilität. Man kann zwischen primärer und sekundärer Mikroplastik unterscheiden.

- **primäre Mikroplastik**

Die Produzenten von Kosmetikprodukten sowie die von Wasch- und Reinigungsmitteln setzen ihren Erzeugnissen als Bindemittel in Cremes oder als Schleifmittel in Peelings, Filmbildner und Füllmittel in Duschgelen, Shampoos und dekorativer Kosmetik Mikroplastik zu. Diese Teilchen gelangen in das Abwasser. Auf Grund der Teilchengröße ist gegenwärtig eine Abtrennung in den Abwasserbehandlungsanlagen nicht möglich und somit gelangt Mikroplastik in die Ozeane.

- **sekundäre Mikroplastik**

Sie entsteht durch Erosion des Plastikmülls über lange Zeiträume, wie Wellenbewegung, Windeinwirkung und Bodenkontakt und zusätzlich kann es zur Versprödung und dem Abbau des Kunststoffes durch die UV-Strahlung kommen.

1

Mit dem Grad der Zerkleinerung steigt die Wahrscheinlichkeit der Verteilung von Mikroplastik in allen Weltmeeren. Plankton vortäuschend gelangt so Mikroplastik in die Nahrungskette, abgesehen davon, dass auch makroskopische Plastikteile aufgenommen werden.

Die rasante Entwicklung des Einsatzes von Kunststoffen zeigt eindeutig, die hohe Verantwortung der Werkstoffentwickler und Anwender für die Erhaltung einer Umwelt, die es ermöglicht, den Fortbestand irdischen Lebens ohne die Gefahr der Vernichtung anderen Lebens zu garantieren.

Literatur

1. Dörfler R (2001) Technologiepolitik in der Bundesrepublik Deutschland am Beispiel … Diss., Uni Regensburg
2. Gesetz und Verordnungsblatt. https://www.verkuendung-bayern.de/allmbl/jahrgang:2012/heftnummer:11/seite:640Dr Zugegriffen im Feb 2018

Anwendungsgebiete neuer Werkstoffe

Ein Erratum ist verfügbar unter
https://doi.org/10.1007/978-3-662-59440-7_5

H. Hofmann, J. Spindler, *Aktuelle Werkstoffe*, https://doi.org/10.1007/978-3-662-59440-7_2

Die auf globale Nachfrage aus der Wirtschaft ausgerichteten Hochtechnologiebereiche wie Maschinenbau, Energie- und Elektrotechnik, Straßenfahrzeugbau, Luft- und Raumfahrttechnik, Messtechnik und Medizintechnik führen uns zu den wichtigsten Anwendungsfeldern neuer Werkstoffe. Die ◘ Tab. 2.1 enthält diese Anwendungsfelder.

Die Darlegungen zu einzelnen Anwendungsfeldern, untersetzt in Anwendungsgebiete und Anwendungsfälle mit konkreten Werkstoffbeispielen enthalten als Einleitung Angaben zur Entwicklungszielstellung.

2.1 Energietechnik/Elektrotechnik

2.1.1 Energiewandlung

Einen Überblick über den Verbrauch an Primärenergie in Deutschland enthält ◘ Abb. 2.1. Erfolgt die Energiewandlung durch Verbrennung fossiler, d. h. kohlenstoffhaltiger Energieträger, entsteht zwangsläufig Kohlenstoffdioxid (CO_2). Für eine Übergangszeit zwischen Stromerzeugung aus vorwiegend fossilen und ausschließlich erneuerbaren Energieträger sind thermische Kraftwerke nötig, wobei die Nutzung der Energie aus der Kernspaltung in Deutschland weiterhin an Bedeutung verlieren wird.

Eine Steigerung des Wirkungsgrades von Wärmekraftwerken würde die Emission von CO_2 mindern. Das erfordert aber die Erhöhung der Betriebstemperaturen, verbunden mit einer Steigerung der Temperatur- und Korrosionsbeständigkeit der Konstruktionswerkstoffe [3]. Geeignet dafür sind Nickelbasislegierungen, wie z. B. Inconel Alloy 617 mit dem Basismetall Nickel (45 %) und den Legierungselementen Cr, Co und Mo.

Einen anderen Weg den Eintrag von CO_2 in die Atmosphäre zu vermindern, stellt die CO_2-Abtrennung und Speicherung aus den Rauchgasen dar (CCS).

CCS (engl.; Carbon Dioxide Capture and Storage) entspricht CO_2-Sequestrierung

Minimierung des Schadstoffeintrages in die Umwelt erfordern:

- Maßnahmen zur Energieeinsparung
- Verbesserung der Energieeffizienz
- Ausbau der Nutzung erneuerbarer Energien
- CO_2-Abtrennung (Sequestrierung)
- Recycling von CO_2 durch Methanisierung
- biologische Sequestrierung (Fotosynthese).

Methanisierung: Herstellung von Methan durch heterogene Katalyse $CO_2 + 4\,H_2 \rightleftharpoons CH_4 + 2\,H_2O$, $\Delta H_R = -170{,}1$ kJ/mol

Bei der Nutzung erneuerbarer Energien spielen Solarenergie, Wasserkraft, Biomasse und Geothermie eine entscheidende Rolle. Unmittelbar verbunden damit ist die Entwicklung innovativer Werkstoffe. Im Vordergrund der folgenden Darstellungen stehen die Werkstoffentwicklungen für die Nutzung der Solar- und Windenergie.

2

Tab. 2.1 Anwendungsfelder

Anwendungsfelder	Anwendungsgebiet	Anwendungsfall	Werkstoff (Auswahl)
Energietechnik/ Elektrotechnik	*1. Energiewandlung*	Brennstoffzellen	PEM, keramischer Festelektrolyt
		Fotovoltaik	einkrist.-, polykrist.- Si, Dünnschicht-Solartechnik (ZnO)
		Windenergienutzung	Faserverbunde
		Generatoren	Hartmagnetika (SmCo, NdFeB)
		Lichttechnik	LED (Weißlichtquellen), Hochleistungs-LCD
		Herstellung von Energieträgern (Synthesen)	Katalysatoren, Fullerene
		Stellmotoren (elektrische, piezoelektrische, hydraulische, pneumatische)	keram. HL, oxidkeram. Wst., Hartmagnete, Weichmagnete, amorphe Ferromagnetika
	2. Energiespeicherung		Li-Batterien/Akku
	3. Energieverteilung		Supraleiter
Sensoren und Aktoren		Wandler (Schall, mechanisch-elektrisch, elektrisch-mechanisch) Stellantriebe, US-Schwinger Temperaturmessung Ionensensitive Elektrode Optische Sensoren	Piezokeramik Keramische HL Si
Informationstechnik	*1. Speicher*	Speicher,	Organische FET Ferromagnetika, Molekularelektronik
	2. Anzeigen	OLED, LED-Bildschirm, LCD,	leitende KS, Ferroelektrika, Molekularelektronik
	3. Informationsübertragung	LWL	Glas, Polymere

(Fortsetzung)

Tab. 2.1 (Fortsetzung)

Anwendungsfelder	Anwendungsgebiet	Anwendungsfall	Werkstoff (Auswahl)
Fertigungstechnik	*1. Trennen*	Schneidkeramik, Hartstoffe, Pulvermetallurgie	z. B. CBN, sp^2- und sp^3-Hybridschichten
	2. Urformen	Nanoteilchen (Rapid Tech)	Fullerene, C-Röhrchen,
	2. Fügen	Verbindungstechnik, Kleber	Additive, Polymere
	3. Beschichten	Beschichten, Aktivieren bzw. Passivieren	Korrosionsschutzschichten, Additive, TiO_2
Transport- und Verkehrstechnik	*1. Automobilbau*	Elektromotor, Traktionsbatterien, Thermoelektrische Wandler, Smart Materials, Klebetechnik	hochfeste Stähle Al- und Mg-Legierungen Me-Schäume Faserverbunde Hartmagnete Weichmagnete amorphe Ferromagnetika Keramik, Keramik-FV
	2. Luft- und Raumfahrt	hochfeste leichte Werkstoffe, Kleber, Stromversorgung, Turbinen, Absorber, mechanisch-thermisch stabile KS	Carbonfiber, Li-Batterien, Cu-Filamente, Faserverbunde, Titan und-Legierungen Keramik-FV LC-Kunststoffe
	3. Schienenfahrzeuge	Sandwichstrukturen Honeycomb Antriebe	CFK/Al-Wabe Hartmagnete
	4. Schiffbau	Schiffbaubleche Sandwichstrukturen Honeycomb	Feinkornstähle, Kunststofffaserverbunde Aramidfaser (Keflar) Al-Legierungen
Architektur und Bau	*1. Betone*	Fassadenelemente	Hochleistunsgsbeton (HPC)
	2. Glas	Verbundsicherheitsglas	Glas, Baukeramik, Verbunde
	3. Nachwachsende Baustoffe	Leichtbauplatten Dämmstoffe	Holz Faserpflanzen
	4. Baustoffrecycling	Straßenbau	Kiesrecyclat

(Fortsetzung)

2

Tab. 2.1 (Fortsetzung)

Anwendungsfelder	Anwendungsgebiet	Anwendungsfall	Werkstoff (Auswahl)
Medizintechnik	*1. Medizinprodukte*	Membranen,	Kunststoffe,
	2. Implantate	Orthopädie (Gelenke), Kardiologie (Stunt, Schrittmacher) Stomatolologie, Ophthalmologie Gefäßchirurgie	Keramik, Smart Materials, Metalle und Legierungen, PMMA, Polyorganosiloxane
	3. Biomolekulare Werkstoffe	Kopplung Zelle-Elektronik Wundkleber	Proteinschichten Fibrin
Neue Rohstoffquellen	*1. Energietechnik*	Gaserzeugung	Biomasse
	2. Kunststoffabfälle	Regranulat Ersatzbrennstoff	Thermoplaste Duroplaste
	3.Metallhaltige Abfälle	Verpackungen, Elektronikschrott, Fahrzeugschrott	Aluminium, Kupfer, Zinn, Edelmetalle, seltene Erden
	4. Fertigungsabfälle	Abschnitte, Späne, Angüsse,	Kunststoffe. Metalle

Inhalt der Tab. 2.1 unter Nutzung von Angaben nach [1]

2.1.1.1 Solarenergienutzung

⇨Glossar: (1) Werkstoffe für Solarzellen

⇨Glossar: (2) Funktionsweise einer Si-Solarzelle

Zu unterscheiden sind bei der Solarenergienutzung Werkstoffe für die Fotovoltaik und Solarthermie. Für beide Anwendungsfälle zielen die Forschungsarbeiten auf die Erhöhung der Energieausbeute.

Für die Fotovoltaik-Werkstoffe zeichnet sich die Substitution von Si-basierten Systemen durch Verbindungshalbleiter in Dünnschichttechnik und organischen Halbleitern ab. Der Aufbau einer Solarzelle soll am Beispiel einer Si-Zelle wie in Abb. 2.2 dargestellt werden.

Nicht nur durch die Wärmeenergie, sondern auch durch Einstrahlung von Lichtenergie bilden sich durch Absorption der Lichtquanten (Photonen) Ladungsträger. Diesen Vorgang bezeichnet man als inneren Fotoeffekt. Dafür erforderlich ist eine Folge von p- und n-Silizium. Zur Nutzung des Sonnenlichtes (Fotovoltaik) über die Fotozelle ist es erforderlich, eine große Anzahl einzelner Zellen in Form von Sonnenbatterien in Reihe zu schalten (Zellspannung 0,5 V) und zur Erzielung großer Leistungen entsprechende Flächen zu installieren. Jede Si-Solarzelle besteht aus mindestens vier Schichten, von denen die n- und p-Schicht halbleitend sind. Die n-Schicht weist eine Dicke von 0,2 µm und

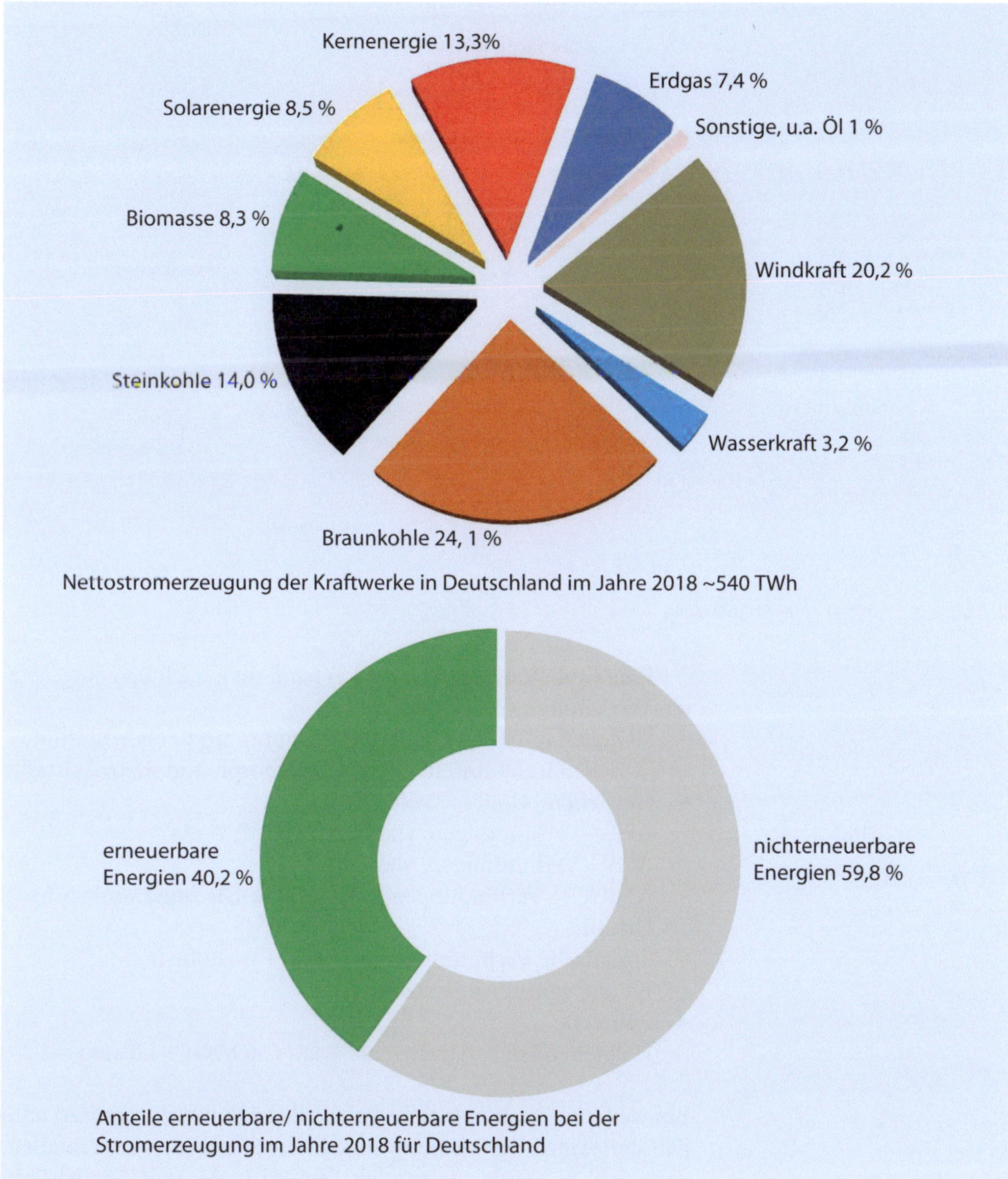

Abb. 2.1 Nettostromerzeugung in Deutschland 2018 ~ 540 TWh [2]

die p-Schicht von ca.300 µm auf. Die dünne Oberflächenschicht erhält durch Phosphor bei 800 °C die n-Dotierung. Durch Diffusion der P-Atome in das mit Bor schwach p-dotierte Silizium erfolgt also eine Umdotierung. Den Rückseitenkontakt bildet Aluminium, den Frontkontakt eine AgPd-Legierung (Druckpaste) und die Antireflexschicht SiO_2 oder Ta_2O_5.

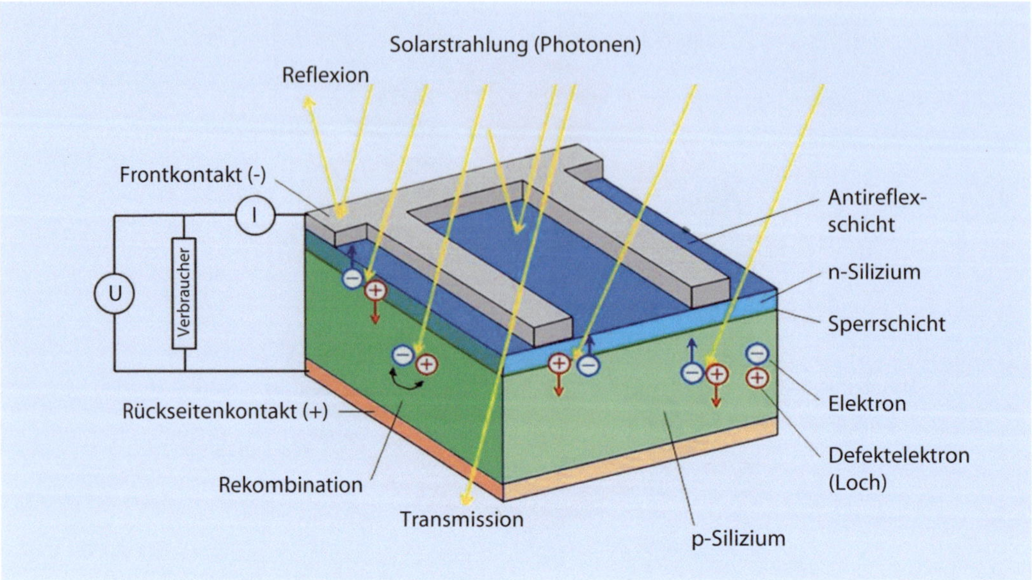

Abb. 2.2 Aufbau einer Si-Solarzelle

Eine Einteilung der Solarzellen kann man nach den eingesetzten Werkstoffen vornehmen in:

- Si-Zellen in Dickschichttechnik, mono- und polykristalllin,
- Si-Zellen in Dünnschichttechnik, amorph und mikrokristallin
- Ge-Zellen [4]
- $A^{III}B^{V}$-Verbindungen, wie GaAs, GaInP, GaAs
- $A^{II}B^{VI}$-Verbindungen, wie CdTe
- $A^{II}B^{III}C^{VI}$-Verbindungen, wie CuInGa-Diselenid und CuIn-Disulfid
- organische Verbindungen, wie z. B. Farbstoffe (Cu-Phtalocyanin, Anthracen)
- Fullerene
- Halbleiterelektrolytzellen auf Basis CuO/NaCl-Lösung.

Ein weiterer Parameter einer Solarzelle ist ihr Wirkungsgrad η. Er gibt den Anteil der Leistung an, den die Solarzelle vom einfallenden Licht in Strom umwandelt Der Wirkungsgrad handelsüblicher Silizium-Solarzellen beträgt zwischen 15 und 20 %, während der Wirkungsgrad von Germanium-Solarzellen bei rund 30 bis 35 % liegt. Die Tab. 2.2 enthält für ausgewählte Werkstoffe Angaben zu Wirkungsgrad und Lebensdauer.

Die Nutzung der Solarthermie in der Haus- und Gebäudetechnik zur Warmwasserbereitung und Heizungsunterstützung erfordert Werkstoffe mit erhöhter thermischer Belastbarkeit und chemischer Stabilität, sowie Druckfestigkeit.

Hauptbestandteil einer Solarthermieanlage sind Kollektoren wie, Flach-, Vakuumröhren- und Parabolrinnenkollektoren. Die

Tab. 2.2 Parameter für Werkstoffe von Solarzellen

Werkstoff	Wirkungsgrad/%	Lebensdauer/Jahre
Si (amorph)	5–10	<20
Si (polykristallin)	14–20	25–30
Si (einkristallin)	16–22	25–30
GaAs (Einschicht)	15–20	-
GaAs (Zweischicht)	20	-
GaAs (Dreischicht)	25–30	> 20
GaInP + GaInAs	40	-
CdTe	5–12	> 20

am weitesten verbreitete Bauform ist der Flachkollektor. Er besteht aus einem selektiv beschichteten Absorber, zur Umwandlung der einfallenden Sonnenstrahlung in Wärme. Zur Verringerung der thermischen Verluste befindet sich der Absorber in einem wärmegedämmten Gehäuse mit transparenter Abdeckung, vorwiegend aus Glas und wird von einer Wärmeträgerflüssigkeit, häufig ein Gemisch aus Wasser und Ethandiol (Äthylenglykol) bzw. 1,2-Propandiol (Propylenglykol) durchströmt, die zwischen Kollektor und Speicher zirkuliert. Eine thermische Regelung und eine Umwälzpumpe vervollständigen die Solarthermieanlage.

Werkstoffe für Rohre zur Verbindung zwischen Kollektor und Wärmetauscher/Speicher müssen eine ausreichende Temperaturbeständigkeit, Glykolbeständigkeit und Witterungsbeständigkeit aufweisen. In Frage kommen Metalle, wie Edelstahl und Kupfer, aber auch thermisch stabilisierte Kunststoffe, wie vernetztes PE und glasfaserverstärkte Polyamide.

Ein Beispiel für konventionelle Flachkollektoren zeigt ◘ Abb. 2.3. Sie bestehen gegenwärtig bevorzugt aus Aluminium- bzw. Kupfer-Absorbern, die geschwärzt sind und mit den Rohrleitungen in Kontakt stehen. Neuere Forschungen auf diesem Gebiet streben ihre Substitution durch thermisch stabile Thermoplaste an [6]. Auf Grund der geringeren thermischen Belastung bei Pool-Kollektoren lassen sich hierfür herkömmliche Massenkunststoffe, wie PVC und PE einsetzen.

Kunststoffe haben gegenüber metallischen Werkstoffen eine geringere Wärmeleitfähigkeit, die ihre Eignung momentan einschränkt. Vorteilhaft für den Einsatz von Kunststoffen sind aber die bedeutend geringeren Fertigungskosten, die geringere Dichte und ihre Korrosionsbeständigkeit gegenüber sauren und alkalischen Medien.

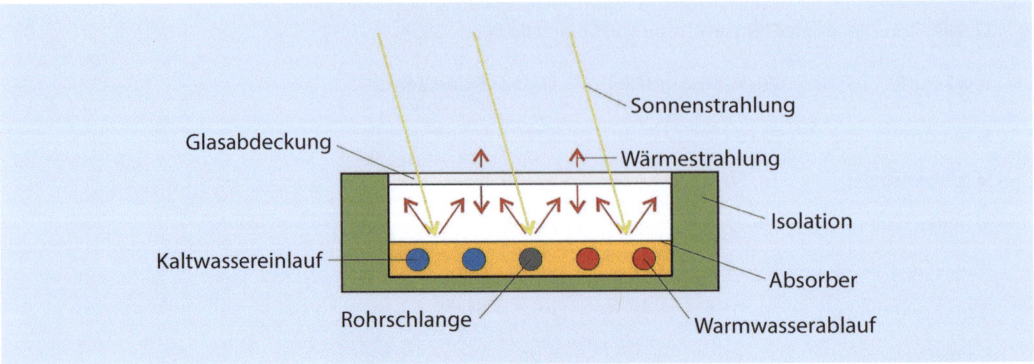

Abb. 2.3 Aufbau eines Flachkollektors [5]

2.1.1.2 Energie aus Windkraft

Bei der Nutzung der Windkraft ergeben sich die Anforderungen an neue Werkstoffe für Rotorblätter, Generatoren, einschließlich Getrieben, der Stromableitung sowie Turm und Gondel. Sie resultieren u. a. aus den teilweise extremen Bedingungen in Offshore-Windparks und den gestiegenen Baugrößen der Gesamtanlagen.

Eine Leistungserhöhung der Windkraftanlagen erfordert u. a. die Vergrößerung der Rotordurchmesser. So lag bis Ende der 1990er-Jahre der Durchmesser meist unter 50 m, danach zwischen 60 und 90 m und heute betragen die Rotordurchmesser ca. 110 m, die durchschnittlichen Nabenhöhen ca.130 m und die Nennleistung 3 MW. Die erzielbare Leistung hängt bekanntermaßen stark vom Standort der Anlage ab. Moderne Schwachwindanlagen gehen über die üblichen Abmessungen hinaus. Prototypen im Offshore-Bereich mit Rotordurchmessern von 170 m und einer Leistung bis zu 8 MW befinden sich im Testbetrieb. Stand der Technik bei der Fertigung von Rotorblättern bildet größtenteils die Verwendung duromerer Harzsysteme (Epoxid- bzw. Polyurethanharze) in Handarbeit. Im vernetzten, nichtschmelzbaren Kunststoff sind als Verstärkungsmaterial Glas- bzw. Kohlefasern eingebettet. Im Vergleich zu Epoxidharzen führt der Einsatz von Polyurethan-Infusionsharzen zu einer Verkürzung des Produktionszyklus auf Grund der geringeren Viskosität, besserer Benetzbarkeit bei kürzerer Aushärtezeit (Vernetzung). Darüber hinaus zeichnen sich diese Rotorblätter durch geringere Schrumpfung beim Aushärten gegenüber Epoxidharzen aus [7].

Ein völlig neues Konzept verfolgt die Substitution des Duromeren durch Thermoplaste [8]. Damit lassen sich Rotorblätter effizient in automatisierten Fertigungsanlagen herstellen und ihre Recycelbarkeit ist möglich, also die Trennung der Faserkomponenten vom thermoplastischen Matrixwerkstoff und deren Wiederverwendung (werkstoffliches Recycling).

Neben den Rotorblättern gehören zu einer Windkraftanlage die Gondel mit Generator, Steuertechnik, Drehkranz, Nabe u. a. sowie der Turm, wie ◻ Abb. 2.4 zeigt. In Konkurrenz zueinander befinden sich Anlagen mit und ohne Getriebe im Einsatz. Die Hauptbauteile der Gondel, wie Nabenkopf, Adapter zwischen Nabe und Rotorblatt, Nabe und Grundrahmen bestehen aus dem Gusswerkstoff GGG-40.3.

GGG-40.3
Werkstoffbezeichnung für Gusseisen mit Kugelgraphit (Sphäroguss). Eisen-Kohlenstoff-Silizium-Gusslegierung, Graphiteinlagerung überwiegend in kugeliger Form

Stahlrohrtürme für Großanlagen sind die am weitesten verbreitete Turmbauart. Sie werden aus verschweißten Stahlplatten hergestellt.

Betontürme aus Stahlbeton gebaut sind zwar viel dicker und schwerer als Stahltürme (5 bis 6 mal schwerer als ein gleich hoher Stahlrohrturm), weisen aber neben günstigeren Schwingungseigenschaften, was zu einer Verminderung der Schallemissionen führt, höhere Standfestigkeiten auf. Bei Hybrid-Türmen besteht der untere Teil aus Stahlbeton, der obere aus Stahl. Sie werden hauptsächlich für hohe Türme eingesetzt [9].

Im Generator erfolgt die Umwandlung von mechanischer in elektrische Energie. Gegenüber herkömmlichen Kraftwerksgeneratoren ist er an eine Leistungsquelle mit starken Schwankungen angeschlossen. Große Windkraftanlagen (über 100–150 kW) erzeugen einen Dreiphasen-Wechselstrom. Die Spannung wird anschließend mit Hilfe eines Transformators auf Spannung des Übertragungsnetzes hochtransfomiert. Windkraftanlagen haben entweder Synchron- oder Asynchrongeneratoren.

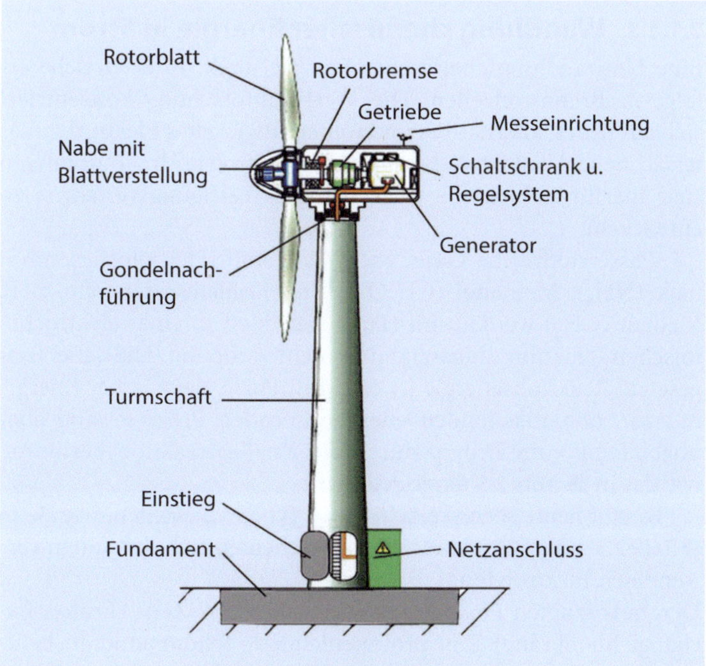

◻ **Abb. 2.4** Baugruppen einer Windkraftanlage

In einer Synchronmaschine läuft der Rotor (Läufer) synchron mit dem Drehfeld des Stators. Grundsätzlich kann jede Synchronmaschine als Motor oder Generator betrieben werden. Synchrongeneratoren erzeugen in der Energiewirtschaft Drehstrom hoher Leistungen.

⇨Glossar: (3) **maximales Energieprodukt** $(B \cdot H)_{max}$ [$Ws \cdot m^{-3}$]

Bei Drehstrom-Asynchronmaschinen (Induktionsmaschine) läuft der Rotor dem Drehfeld des Stators im Fall des Generators voraus und dem Motor nach. Der passive Rotor ist entweder als Kurzschlussläufer (Käfigläufer) ständig, oder als Schleifringläufer fallweise kurzgeschlossen. Drehstrom-Asynchrongeneratoren kommen bevorzugt in Windkraftanlagen kleinerer Leistungen zum Einsatz.

Ein weiteres Unterscheidungsmerkmal für Generatoren bildet der Ort der Magnetfelderzeugung. Beim Innenpolgenerator wird das Magnetfeld im Rotor erzeugt, entweder durch einen Permanentmagneten oder eine stromdurchflossene Spule. Die elektrische Spannung entsteht beim Innenpolgenerator in der Statorwicklung. Die Werkstoffe für solche Permanentmagnete (Hartmagnete) haben einen möglichst hohen Wert für das maximale Energieprodukt, wie z. B. NdFeB-Magnete.

Die Anbindung an das Stromnetz kann direkt oder indirekt erfolgen. Direkt heißt, die erzeugte 3-Phasen-Wechselspannung gelangt sofort ins Netz. Indirekte Netzanbindung bedeutet, der Strom vom Generator fließt erst zur Anpassung an das Netz durch entsprechende Baugruppen.

2.1.1.3 Wandlung chemischer Energie in Strom

Knallgasreaktion:
$2\,H_2 + O_2 \rightarrow 2\,H_2O$
$\Delta H_R = -286\ kJ \cdot mol^{-1}$

Eine Umwandlung chemischer Energie direkt in elektrische erfolgt in Brennstoffzellen. Die Werkstoffforschung konzentriert sich auf neues, alternatives und weiterentwickeltes Elektrodenmaterial, neue Kontaktwerkstoffe und Elektrolyte. Im Besonderen sind hierfür industrielle wirtschaftliche Fertigungsverfahren zu entwickeln.

Wasserstoffreiche Gase, wie Wasserstoff (H_2) selbst, Ammoniak (NH_3), Methanol (CH_3OH) und Kohlenwasserstoffe, z. B. Methan (CH_4) werden mit (Luft)-sauerstoff in einer elektrochemischen Reaktion umgesetzt und nicht verbrannt. Die dabei freigesetzte Reaktionsenergie ist direkt in Form elektrischer Energie nutzbar. Die ablaufenden energieliefernden Prozesse sind aber unabhängig vom Zelltyp durch die Knallgasreaktion bestimmt, wie das in ◘ Abb. 2.5 dargestellt wird.

Es gibt heute sechs verschiedene Typen von Zellen, wie sie in ◘ Tab. 2.3 aufgeführt sind. Sie unterscheiden sich durch den verwendeten Elektrolyten.

Teflon: Polytetrafluorethen (PTFE)

Den bevorzugten Lösungsweg bietet die PEM Zelle (Proton Exchange Membrane). Eine protonenleitende Teflonmembran, beidseitig mit Platin und einer gasdurchlässigen Elektrode aus Grafitpapier beschichtet, bildet die PEM. Zwei Bipolarplatten aus Grafit

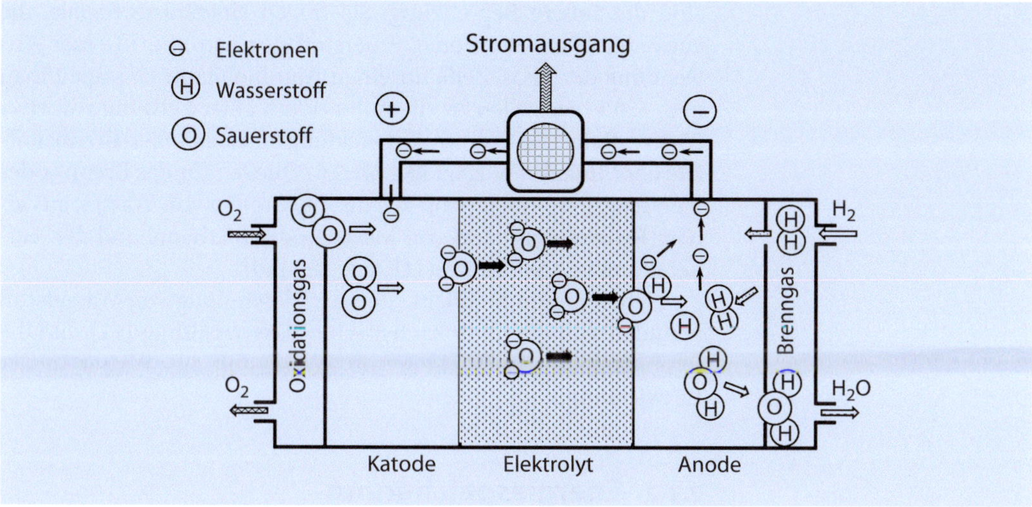

Abb. 2.5 Wirkprinzip einer Wasserstoff-Sauerstoff-Brennstoffzelle

Tab. 2.3 Typen von Brennstoffzellen

Zelltyp	Elektrolyt	Anodengas	Katodengas	Betriebs temperatur
AFC (Alkaline Fuel Cell)	Kalilauge (KOH)	Wasserstoff	Sauerstoff	ca. 100 °C
PEMFC(Proton Exchange Membran Fuel Cell)	protonenleitender Polymerelektrolyt	Wasserstoff, Wasserstoff aus Methanol	Sauerstoff, Luftsauerstoff	bis 100 °C
DMFC (Direct Methanol Fuel Cell)	Polymerelektrolyt	Methanol	Luftsauerstoff	90–120 °C
PAFC (Phosphoric Acid Fuel Cell)	Phosphorsäure	Wasserstoff Wasserstoff aus Methan	Luftsauerstoff	200 °C
MCFC (Molten Carbonate Fuel Cell)	Alkalikarbonat-schmelze	Wasserstoff Methan, Kohlegas	Luftsauerstoff	650 °C
SOFC (Solid Oxide Fuel Cell)	Keramischer Festelektrolyt	Wasserstoff Methan, Kohlegas	Luftsauerstoff	800–1000 °C

sind die äußere Begrenzung. Sie tragen eingefräste Kanäle, die entweder Wasserstoff oder Sauerstoff durchströmt. In einer Anwendung der PEM-Zelle für einen Automobilantrieb stapelt man z. B. 150 Einzelzellen zu einem Stack mit einer Leistung von etwa 25 kW. Betandteile eines Entwicklungsmusters einer Brennstoffzlle der Fima BMW zeigt ◘ Abb. 2.6. Quellen für das Brenn- oder Anodengas ist Wasserstoff aus der Elektrolyse von Wasser, aus einem Reformingprozess von Methan oder Methanol und der Aufbereitung von Synthesegas (Kohlegas) [10].

Neben diesen Möglichkeiten der Gewinnung von Wasserstoff befinden sich die photokatalytische Wasserspaltung [11] und die fotobiologische Herstellung von Wasserstoff aus Wasser in der Entwicklung.

2.1.2 Energiespeicherung

Ein Hauptproblem der Energietechnik liegt in der Speicherung der überschüssig gegenüber dem jeweiligen Verbrauch erzeugter Elektroenergie, insbesondere verschärft durch Angebote aus alternativen Quellen. Ein Zweites ergibt sich aus der Übertragung der erzeugten Energie zum Verbraucher bei der Überbrückung großer Entfernungen. Ein Drittes entsteht durch Nachfragenspitzen, die es gilt auszugleichen. Im Rahmen einer Studie des VDI erfolgt auch die Untersuchung von Speichertechnologien für überschüssige elektrische Energie. Man unterscheidet zwischen thermischer, thermochemischer, elektrischer, elektrochemischer und mechanischer Speicherung, wie ◘ Tab. 2.4 zeigt.

2.1.2.1 mechanische Energie

Eine der ersten Möglichkeiten zur Speicherung elektrischer Energie waren Pumpspeicheranlagen, die auch heute noch Bedeutung haben.

Eine Alternative zur Speicherung elektrische Energie über kurze Zeit, bieten neben Akkumulatorblöcken oder Notstromaggregaten die Schwungmassenspeicher zur ununterbrochenen Stromversorgung.

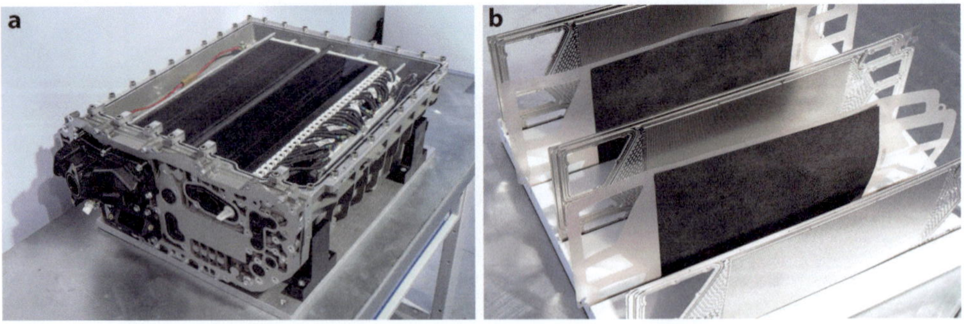

◘ **Abb. 2.6** a: Brennstoffzellen Stack, b: Teflonmembranen mit Pt-Beschichtung und Bipolarplatten. (Foto: BMW)

Tab. 2.4 Speichertechnologien

Speicherenergie		Speicherart	Werkstoffe
mechanische Energie	Potenzielle Energie	Pumpspeicherkraftwerke, Druckluftspeicher (diabate und adiabate) (CAES), Federkraft	
	kinetische Energie	Schwungmassenspeicher	faserverstärkte Kunststoffe, Lagerwerkstoffe (Keramik), Lagerkonstruktion (Manetmagnetfeld)
chemische Energie	Bindungsenergie	Wasserstoff, synthetisches Erdgas (CH_4), Sorption, reversible Reaktionen	Metallhydride, Amminoboran, Zeolithe, Silicagel, Nanostrukturen aus Grafit
	elektrochemische Energie	Batterien, Akkumulatoren, REDOX-Flow Batterien	Lithium-Verbindungen Vanadiumsalzelektrolyte
thermische Energie		Dampfspeicher, Wärmespeicher, Latentwärmespeicher	Salzhydrate, Paraffine
elektrische Energie		Superkondensatoren, supraleitender magnetischer Energiespeicher (SMES)	Oxide von Übergangsmetallen, Graphen, leitfähige Polymere, Kohlenstoffaerogel

Diese Speicherart besteht aus einer rotierenden Schwungmasse (Rotor) in Verbindung mit einer Elektromotor-Generator-Kombination. Bei Inbetriebnahme setzt der Elektromotor das Schwungrad in Bewegung. Eine hohe Drehzahl ist proportional der Rotationsenergie (mechanische Energie). Der angeschlossene Generator kann diese Energie bei Bedarf wieder als elektrische Energie abgeben. Das gleiche Prinzip nutzt man, um z. B. bei Fahrzeugen die Bremsenergie in Elektroenergie umzuwandeln.

2.1.2.2 chemische Energie

Mit der Verfahrensweise „Power-to Gas" [12] lässt sich überschüssiger Strom zur Wasserelektrolyse und damit zur Wasserstofferzeugung nutzen, der dann in Brennstoffzellen wieder der Stromerzeugung dient. Wasserstoffgas lässt sich aber auch mit CO_2 zu Methan umsetzen (Methanisierung mit dem Ergebnis: „synthetisches Erdgas"), das dann in Gaskraftwerken der Stromerzeugung dient.

Methanisierung: (Sabatier Reaktion)
$CO_2 + 4\,H_2 \leftrightarrows CH_4 + 2\,H_2O$
$\Delta H_R = -165\ \text{kJ}\cdot\text{mol}^{-1}$

2

Der Vorteil des Methans gegenüber Wasserstoff besteht insbesondere darin, es auch in großen Mengen in unterirdischen Kavernen speichern zu können, oder in bestehende Erdgasnetze einzuspeisen.

Lithium-Ionen-Traktionsbatterien sind in den heutigen Elektroautos die Energiequellen [13]. Sie haben eine hohe Leistungs- und Energiedichte, verbunden aber auch mit einer Reihe von Nachteilen gegenüber anderen Batterien. Ihr Lade-Entladeregime bestimmt wesentlich die Lebensdauer und die Reichweite des Fahrzeuges. Des Weiteren entladen sie sich bei längerem Nichtgebrauch selbst. Die Herstellung dieser Akkus ist vergleichsweise auch gegenwärtig noch teuer [14].

aprotisch: keine H^+- Ionen (Protonen), exakter H_3O^+-Ionen

Bei der Weiterentwicklung elektrochemischer Zellen hat sich das Metall Lithium als negative Elektrode (Anode) als sehr günstig erwiesen. Das Alkalimetall Lithium reagiert leicht mit Wasser (Standardpotenzial von −3,05 V). Deshalb kommen in diesen Zellen nur wasserfreie (aprotische) Elektrolyte zur Anwendung.

Lithium-Batterie ist der Oberbegriff für nicht wieder aufladbare (Primärbatterien) bei denen metallisches Lithium als aktives Material in der negativen Elektrode verwendet wird. Ebenso aber auch für wieder aufladbare (Sekundärbatterien) auf der Basis von Li-Verbindungen, den Lithium-Ionen-Akkumulatoren (auch Lithium-Ionen-Akku, Li-Ionen-Akku, Li-Ionen Sekundärbatterie, Lithium-Akkumulator oder kurz Li-Ion).

Lithium-Batterien mit Lithiummetall als Anode (Primärbatterie) gibt es in vielen verschiedenen Typen, die sich in Kathode, Elektrolyt und Separator sowie Bauformen und Größen unterscheiden, wie ◻ Tab. 2.5 zeigt.

Mit der Lithium-Ionen-Zelle (Sekundärbatterie), wie ◻ Abb. 2.7 zeigt, liegt ein anderer Typ galvanischer Elemente vor; nur die Lithiumionen vermitteln den Ladungstransport.

Lithium-Ionen-Batterien besitzen sog. Interkalations-Elektroden. Sie vermitteln den Übergang der Lithiumionen zu Lithiumatomen und umgekehrt. Einerseits bestehen sie aus Verbindungen mit Ionengittern, wie $LiMnO_2$ oder $LiCoO_2$ als Anode und andererseits aus Li_xnC (Grafitelektrode mit eingelagerten Li-Atomen), sie bilden das sog. Wirtsmaterial. Einfach ausgedrückt treten an der einen Elektrode Li-Atome als Li^+-Ionen in den Elektrolyten über und werden an der Gegenelektrode zu Li-Atomen reduziert und in das Wirtsgitter eingelagert. Dieser Vorgang ist umkehrbar; aus dem Pendeln der Li-Atome über die im Elektrolyten wandernden Li^+-Ionen, leitet sich der Begriff „Swing-Zelle" ab.

Obwohl Li-Ionen-Batterien Vorteile gegenüber bisher eingesetzten Akkumulatoren für die Elektromobilität besitzen, sucht man nach Alternativen, wie:

- Durch Übereinanderstapeln lässt sich ihre Kapazität und damit die Reichweite der Fahrzeuge vergrößern, auf ca. 1000 Kilometer.

Tab. 2.5 Arten von Lithium-Primärbatterien

Bezeichnung	Anodenmaterial	Akzeptorhalbzelle	Leerlaufspannung	Anwendung
Lithium-Thionylchlorid-Batterie	Li	$SOCl_2$	3,7	netzunabhängige Versorgung, Sicherheitstechnik
Lithium-Mangandioxid-Batterie	Li	MnO_2	3,5 bis 3,0	für Kameras, Uhren und als Backup-Batterie für Speicherchips eingesetzt.
Lithium-Schwefeldioxid-Batterie	Li	SO_2	3,0	militärischer Bereich
Lithium-Kohlenstoffmonofluorid-Batterie	Li	$(CF)_n$	3,2-3,0	medizinischer Bereich, Herzschrittmacher
Lithium-Iod-Batterie	Li	I_2	2,8	Herzschrittmachern.
Lithium-Eisensulfid-Batterie	Li	FeS_2	1,8	Fotobereich
Lithium-Luft-Batterie	Li	O_2	3,4	

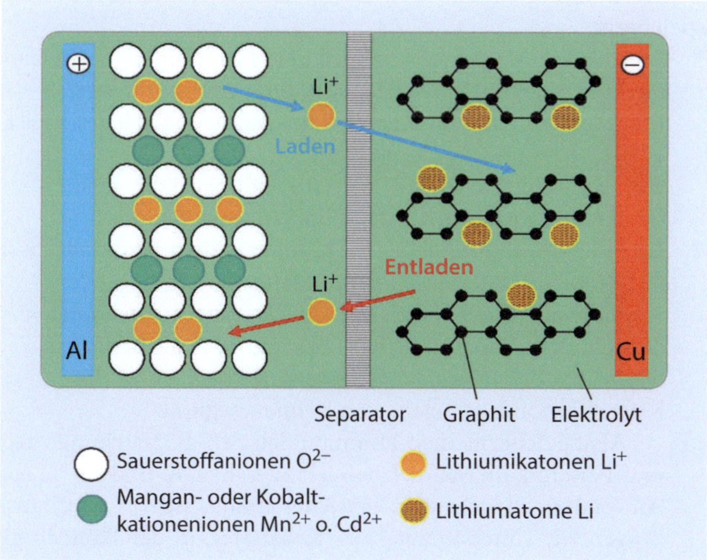

Abb. 2.7 Prinzip einer Lithium-Ionen-Batterie

- Eine neuartige hocheffiziente Batterie mit Glas als Elektrolyt entwickeln Forscher der Univ. Texas, Austin.
- Silizium-Luft-Batterien,
- Redox-Flow-Batterien, wie sie etwa das Liechtensteiner Unternehmen Nano Flow Cell in seinen Elektroautos verbaut [15].

2

Eine Redox-Flow-Batterie enthält als Aktivmaterial Salze, bevorzugt Vanadium-Verbindungen, die in Wasser gelöst den Elektrolyten bilden. Die Zelle einer solchen Batterie besteht aus Grafitelektroden und einer Membran, die Anoden- und Katodenraum trennt und durchlässig für H_3O^+-Ionen ist. Im konkreten Fall dient ein modifiziertes Teflon als Membranmaterial. In den Halbzellen der Batterie liegen Vanadiumionen unterschiedlicher Oxidationszahlen (Wertigkeit) vor. Im Betrieb werden Anoden- und Katodenelektrolyt durch die jeweilige Halbzelle gepumpt. Beim Entladen findet der Redoxvorgang statt, der die unterschiedlichen Wertigkeiten der Kationen ausgleicht. Beim Laden verläuft der umgekehrte Vorgang. Somit besteht bei dieser Batterie die Möglichkeit, den entladenen gegen den in einer getrennten Zelle geladenen Elektrolyt auszutauschen [16].

Die zur Zeit im Forschungszentrum Jülich entwickelte Silizium-Luft-Batterie [17] enthält als Anodenmaterial Silizium, den Elektrolyt bildet eine ionische Flüssigkeit (bei Raumtemperatur flüssige Salze) und die Katode besteht aus einem in porösen Kohlenstoff eingelagertem Nickelnetz. Zurzeit weist aber die Silizium-Luft-Batterien noch einige wesentliche Defizite auf.

2.1.2.3 Wärmeenergie

Silicagel: Kieselgel, amorphes SiO_2, stark hygroskopisch, Trockenmittel
Zeolithe: Alumosilicate, kristallin, große innere Oberfläche, porös

exotherme Reaktion: Freisetzung von Wärme, die Reaktionsenthalpie ΔH_R ist negativ.
endotherme Reaktion: Verbrauch von Wärme, die Reaktionsenthalpie ΔH_R ist positiv.

Wärmeenergie lässt sich günstig auf drei verschiedene Arten speichern:

1. *Sensible Wärmespeicherung* wird die Wärme einem Speichermedium zugeführt, welches seine Temperatur „fühlbar" verändert. Es handelt sich dabei um saisonale Speicher, meist Wasser, Kies und Aquifer (Grundwasserleiter). Diese Arten von Langzeitspeichern nehmen im Sommer nicht verbrauchte Wärme auf, die dann im Winter nutzbar ist.
2. *Latente Wärmespeicherung* Sie beruht auf dem Phasenwechsel fest-flüssig und der damit verbundenen Speicherung der Schmelzwärme, ohne dass sich die Temperatur des Systems dabei ändert. Die gespeicherte Energie kann als Erstarrungswärme bei Bedarf wieder freigesetzt werden, wobei die Kristallisation bei Zugabe von Keimen beginnt.

   Als Speichermedien kommen Salze (z. B. Natriumacetat) und Paraffine im Schmelzbereich zwischen 40 und 70 °C zur Anwendung. Latentwärmespeicher finden sich in Kraftfahrzeugen zur Unterstützung des Kaltstartes, in der Bautechnik verkapselt in Wänden und Fassadenelementen und in Wärmehalteplatten in der Gastronomie.
3. *Thermochemische Energiespeicherung* Hierfür nutzt man reversible Sorptionsprozesse oder reversible chemische Reaktionen, wie im Solzinc-Verfahren aus.

   Reversible Sorption bedeutet Adsorption (exotherme Reaktion) und Desorption (endotherme Reaktion) verlaufen umkehrbar. Stoffe mit großer Oberfläche (Adsorbentien, wie

Silicagel oder Zeolithe), sind in der Lage Moleküle aus der Gasphase, z. B. Wasserdampf durch nebenvalente Bindungen zu adsorbieren. Dabei wird die kinetische Energie der adsorbierten Wassermoleküle als Wärme freigesetzt. Das Trocknen des Adsorbens durch die Zufuhr von Wärmer ist der eigentliche Speichervorgang.

Beim Solzinc-Verfahren erfolgt die Umsetzung von Zink mit Wasser bei 350 °C exotherm unter Wasserstoffentwicklung. Die Verbrennung des Wasserstoffs verbessert die Energiebilanz.

2.1.2.4 elektrische Energie

⇨Glossar: (4) **Supraleitung**

Eine exotische Variante der Energiespeicherung stellt der Supraleitende-Magnetische-Energie-Speicher (SMES) dar. Er besteht aus einer supraleitenden Spule, der Kühlung und einem Wechselrichter/Gleichrichtersystem. Ist die supraleitende Spule geladen, speichert sie die magnetische Energie über lange Zeit Es fließt kein Strom, wenn die Spule im supraleitenden Zustand bleibt. Die so gespeicherte Energie kann wieder ins Netz gelangen, wenn die Spule entladen wird.

Bedingt durch die hohen Fertigungskosten von HTSL-Vielkernleitern und die erforderliche Kühlung mit flüssigem Sickstoff (Kp.: −196 °C) sind die Betriebskosten sehr hoch, weshalb SMES nur in Kurzzeitspeichern zur Anwendung gelangen.

In Form der Ultracaps [18] steht eine Kondensatorkonfiguration [19] zur Verfügung, die gekoppelt mit einer Bleibatterie eine hohe Leistungsreserve für wenige Sekunden ermöglicht (Start-Brems-Betrieb).

Der Ultracap nutzt die elektrochemische Doppelschicht (*Helmholtz*-Schicht) zwischen Elektrolyt und Elektrodenoberfläche als Kondensator. Seine Spannungsfestigkeit beträgt nur 2,7 V und die Kapazität kann Werte bis zu 3,6 kF erreichen. Elektrodenwerkstoffe sind die Kohlenstoffmodifikationen, wie Aktivkohle, Graphen, Grafit und Nanoröhrchen, aber auch leitfähige Polymere, die Elektrolyte basieren auf Salzlösungen mit Wasser oder organischen Lösungsmitteln.

2.1.3 Energieverteilung – Netz

Der Energietransport kann in verschiedenen Formen erfolgen. Er ist einerseits an einen Stofftransport gebunden, wie z. B. bei der Übertragung kinetischer oder elektrischer Energie, bei der Wärmeleitung und Konvektion und bei der Ausbreitung von Schallwellen und andererseits ohne Stofftransport bei der Ausbreitung elektromagnetischer Wellen. Die Stromleitung in metallischen Leitern ist gebunden an das Vorhandensein „verschiebbarer" Elektronen in einem Metallgitter. Die spezifische elektrische Leitfähigkeit bzw. der spezifische elektrische Widerstand eines Werkstoffes ergibt sich als Produkt der Konzentration der Ladungsträger und ihrer Beweglichkeit. In Metallen und Polymerleitern sind die Ladungsträger Elektronen. In Halbleitern und Verbindungshalbleitern kommen Defektelektronen hinzu.

Ladungsträgerbeweglichkeit μ
Sie ist unmittelbar proportional der Driftgeschwindigkeit v_D.
$v_D = \mu \cdot E$
μ ist abhängig von der Streuung der Leitungselektronen im Werkstoff

In Metallen ist die Konzentration der Leitungselektronen nahezu konstant und nicht temperaturabhängig. Eine Änderung des elektrischen Widerstandes ist demzufolge an die Änderung der Elektronenbeweglichkeit gebunden. Einen bedeutenden Einfluss haben deshalb die Größen Temperatur, Reinheit und Verformungsgrad sowie Legierungstyp. Die spezifische elektrische Leitfähigkeit muss man deshalb unter definierten Bedingungen ermitteln.

Die weiteren Ausführungen konzentrieren sich auf die Übertragung elektrischer Energie. Hierbei befindet sich die Entwicklung von Supraleitern für den Energietransport durch Kabel noch im Anfangsstadium.

Zur Übertragung von elektrischer Energie in den Stromnetzen kommen sowohl Gleich- als auch Wechselstrom zur Anwendung. Im Falle des Wechselstromes treten drei typische Phänomene, der Blindstrom, der induktiver Widerstand und der Skin-Effekt auf, die insgesamt zu Energieverlusten führen.

Thyristor: Elektronische Bauelement mit der Zonenfolge npnp. Wird in der Leistungselektronik als Hochstromschalter eingesetzt.

Diese Verlustquellen treten bei Gleichstrom nicht auf. Hier hat man es nur mit den unvermeidlichen *Ohm*schen Verlusten zu tun. Der genaue Wert hängt vom Leiterwerkstoff und Spannungsniveau ab. Er liegt bei sehr hohen Spannungen bei etwa 3 % pro 1000 km. Dazu kommen als weitere Verlustquellen Umwandlungen in den Kopfstationen, in denen Gleichstrom erzeugt oder wieder in Wechselstrom für die örtlichen Anforderungen umgewandelt wird. Diese Art von Verlusten ist wesentlich geringer als bei Wechselstrom und ermöglicht deshalb Stromtransporte auch über mehrere tausend Kilometer. Allerdings ist zu berücksichtigen, dass die Konverterstationen noch einen hohen Kostenfaktor ausmachen. So sind heute HGÜ-Anlagen (Hochspannungs-Gleichstrom-Übertragung) mit einer Spannung bis zu 800.000 V und einer Übertragungsleistung von bis zu 8000 MW über eine Entfernung von über 2000 km möglich, wie das das Beispiel der 2014 in Betrieb gegangenen 2210 km langen Hami-Zhengzhou-Leitung zeigt [20]. Das setzt den Einsatz von Hochleistungs-Thyristoren und die IGBT (**I**nsulated **G**ate **B**ipolar **T**ransistor) – Technik voraus.

Als Leiterwerkstoffe kommen Kupfer bzw. Aluminium zur Anwendung. In einem kunststoffisolierten Gleichstromkabel für eine maximale Betriebsspannung von 525 kV lassen sich mit Kupferleiter maximal 2600 MW übertragen, mit Aluminium 2000 MW [21].

Unter Verwendung metallischer Leiterwerkstoffe in der Energieübertragungstechnik gehen ca. 30 % der elektrischen Energie in Form von nichtnutzbarer Wärme verloren. Ein weiterer entscheidender Schritt zum verlustlosen Stromtransport wäre der Einsatz von Supraleitern (⇨ 4) in noch größerem Maßstab.

2.1.4 Elektromobilität

Das Entwicklungsziel der Verminderung der CO_2-Emission in der Fahrzeugtechnik lässt sich durch eine Massereduzierung und die Nutzung elektrischer Antriebe (Elektromobilität) verwirklichen. Hierfür eignen sich als Energiequelle Batterien, Solar- und Brennstoffzellen. Gemäß dem Elektromobilitätsgesetz (EmoG) [22] gelten zum einen rein batterieelektrisch betriebene Fahrzeuge als Elektromobile, aber auch Brennstoffzellenfahrzeuge sowie Hybridelektrofahrzeuge. Das können sein Vollhybride, die einen Verbrennungsmotor und Elektromotor als Antrieb besitzen und Plug-in-Hybride (Steckdosenhybride). Gegenwärtig besteht eine Koexistenz mit effizienten Verbrennungsmotoren, Gasturbinen, Hybridlösungen und alternativen Kraftstoffen mit dem Ziel der verstärkten CO_2-Emissionsminderung.

Zur Elektromobilität gehören das Elektroauto, der Elektromotorroller, das Elektromotorrad, der Batteriebus, der Elektrolastkraftwagen und Elektrofahrrad, ebenso auch elektrische Bahnen, die aber hier keine Berücksichtigung finden.

Traktionsbatterien für batterieelektrische Fahrzeuge müssen vergleichbare Kriterien zu Verbrennungsmotoren hinsichtlich der massebezogenen ($Wh \cdot kg^{-1}$) und volumenbezogenen Energiedichte ($Wh \cdot l^{-1}$) [23] erfüllen, gleiches gilt für die Anwendung der Wasserstoff-Brennstoffzelle (PEM).

Nimmt man für ein Fahrzeug mit Verbrennungsmotor einen Tankinhalt von 50 l, entsprechend 45 kg an, so stehen 567 kWh zur Verfügung, bezogen auf 12,8 $kWh \cdot kg^{-1}$ für Fahrzeugbenzin. Ein Verbrennungsmotor setzt aber nur ca. 30 % des Energieinhaltes des Treibstoffes in Nutzenergie um, wobei ca. 70 % in Form von Wärmeenergie verloren gehen. Beim batteriegetriebenen Elektroauto wird der Energieinhalt nahezu vollständig in Nutzenergie umgesetzt. Ein Li-Ionen-Akku hat etwa 0,1 $kWh \cdot kg^{-1}$ Kapazität. Das bedeutet für ein derartiges Elektrofahrzeug mit gleicher Reichweite eine Batteriemasse von ungefähr 150 kg. Der Hybridantrieb als Kombination aus Elektro- und Verbrennungsmotor macht es so gesehen sinnvoll, für kurze Strecken (Stadtverkehr) die Batterie und für lange den Treibstoff zu nutzen.

2.1.4.1 Elektrische Antriebe

Um die im Akkumulator gespeicherte elektrische in mechanische Energie umzusetzen erfordert es geeignete Elektromotoren, z. B. Synchronmotoren, wie in ◘ Abb. 2.8 dargestellt.Für leichte und

2

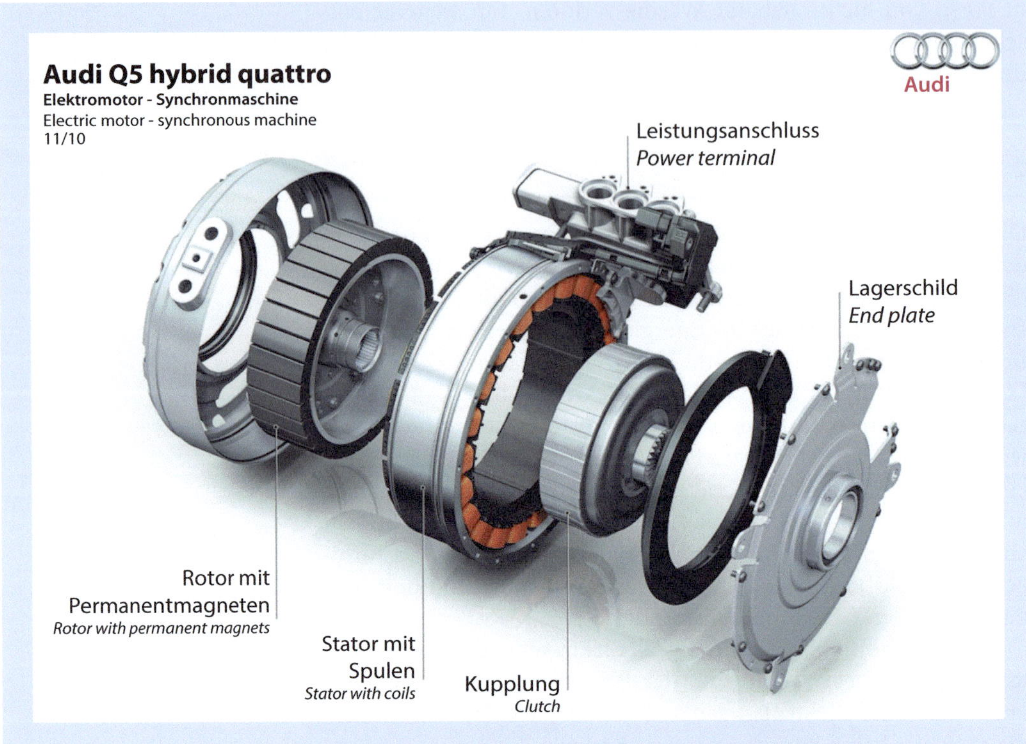

Abb. 2.8 Elektromotor-Synchronmaschine (Bild AUDI)

***Heusler*-Legierungen:** Ferromagnetische Legierungen auf Basis nichtferromagnetischer Metalle vom Typ X_2YZ (z. B. CuMnAl). Die Halb-*Heusler*-Legierungen mit Zusammensetzung XYZ eignen sich besonders für thermoelektrische Module.

⇨Glossar (5) ***Seebeck*-Effekt:**

kompakte Synchronmotoren in Elektrofahrzeugen, werden Permanentmagnete benötigt. Mit Magnetwerkstoffen auf Basis von Neodym-Eisen-Bor lassen sich die höchsten Energieprodukte $(B{\cdot}H)_{max}$ von bis zu 400 $kJ{\cdot}kg^{-3}$ erreichen (⇨ 3). Eine weitere Steigerung lässt der Einsatz von Dysprosium erwarten. Ein Lösungsansatz ergibt sich durch Aufdampfen einer Dysprosiumschicht auf Nd-Fe-B-Magnete mit anschließender Wärmebehandlung. Dysprosium diffundiert dabei an die Korngrenzen. Dysprosium mit einer gegenwärtigen Fördermenge von100 t pro Jahr und Neodym von 21.000 t pro Jahr ist vergleichsweise gering zur weltweit produzierten Stahlmenge im Jahre 2016 von 1,6 Milliarden t.

Auf den Li-Akkumulator bezogen hängt die Elektromobilität werkstoffseitig insbesondere ab von den beschränkten Vorräten an Lithiumverbindungen, die weltweit ca. 40 Millionen Tonnen Li-Metall entsprechen [24].

Durch Hybridantriebe lässt sich die Abwärme bei Verbrennungsmotoren mit Hilfe thermoelektrischer Generatoren in nutzbare elektrische Energie umwandeln (Nutzung des SEBECK-Effektes, Thermoelektrizität). In Analogie zur Fotovoltaik spricht man hier von Thermovoltaik. Thermoelektrika mit hohen *Seebeck*-Koeffizient α sind Halbleitermaterialien, wie z. B.: Bismutellurit (Bi_2Te_3), Bleitellurit (PbTe), Bismutantimonit (BiSb) und Eisendisilizid ($FeSi_2$). Ein Ziel der Forschung und Entwicklung besteht in der Verbesserung bekannter Systeme und dem Einsatz neuer Werkstoffe [25], wie z. B. Schichtchalkogenide, Chevrel-Phasen, Co-Oxide oder amorphe Materialien sowie Halb-*Heusler*-Legierungen [26] und sogenannte Nanostäbe aus Bi_2S_3.

Zum anderen lässt sich die Bremsenergie in Form von Elektroenergie speichern und als Antriebsenergie nutzen (vgl. ► 2.1.2.1).

Chevrel-Phasen: Molybdänverbindungen der allgemeinen Formel $Me_xMo_6Ch_8$. Me sind Metallionen der Elemente, Calcium, Strontium, Barium, Zinn (II), Blei(II), Gold oder Lan-thanoide.. Das Anion Ch ist immer ein Chalkogenid (Element der VI. Hgr.) wie Schwefel, Selen oder Tellur.

2.1.4.2 Steuerelektronik für Elektroautos

Neben der Entwicklung effizienter Spannungswandler auf Basis von SiC sind die Bauelemente für die Steuerelektronik in Elektroautomobilen, z. B. aus GaN, für den Einsatz der Elektromotoren [27] zielführend.

Elektroautos haben, bedingt durch die typischen Eigenschaften des Elektromotors einen völlig anderen Aufbau des Antriebssystems, als Fahrzeuge mit Verbrennungskraftmaschinen, ohne dass es äußerlich sichtbar sein muss, wie ◘ Abb. 2.9 zeigt. Insbesondere bilden der Elektromotor, die Stromquelle, in den meisten Fällen ein Akku, eine entsprechend ausgelegte Leistungselektronik, Aggregate zur Gewährleistung zusätzlicher Komfort- und Sicherheitsfunktionen und gegebenenfalls ein Getriebe die Hauptunterschiede zum herkömmlichen Automobil. Andererseits kommt das E-Auto ohne Abgasanlage und hydraulische oder pneumatische Systeme aus, die durch rein elektrische ersetzt sind.

2.1.5 Kernaussagen

In der Entwicklung der Energietechnik stehen heute zwei Schwerpunkte im Vordergrund. Zum ersten die Erhöhung der Energieeffizienz und zweitens die Verringerung der CO_2-Emission bei der Stromerzeugung. Eine Erhöhung des Wirkungsgrades von Wärmekraftwerken lässt sich durch den Einsatz von Werkstoffen mit erhöhter thermischer Stabilität und Korrosionsbeständigkeit erreichen. Bei der Übertragung der elektrischen Energie kommt die Effizienzsteigerung durch die Anwendung der HGÜ-Technik und dem Einsatz von supraleitenden Kabeln zustande.

Eine Senkung des CO_2-Ausstoßes im Zusammenhang mit der Elektroenergieerzeugung bedeutet, zunehmend auf fossile Energieträger zu verzichten und Verfahren mit CO_2-neutraler Stoffbilanz anzuwenden, wie z. B. die Methanisierung von CO_2.

Elektromobilität bietet eine weitere Möglichkeit zur Verringerung der CO_2-Emission, ohne die Mobilität selbst einzuschränken. Realisierbar wird das durch die Entwicklung neuer Traktionsbatterien und der Brennstoffzellen. Der Einsatz der Brennstoffzelle (PEM) ist dann zukunftsträchtig, wenn der für

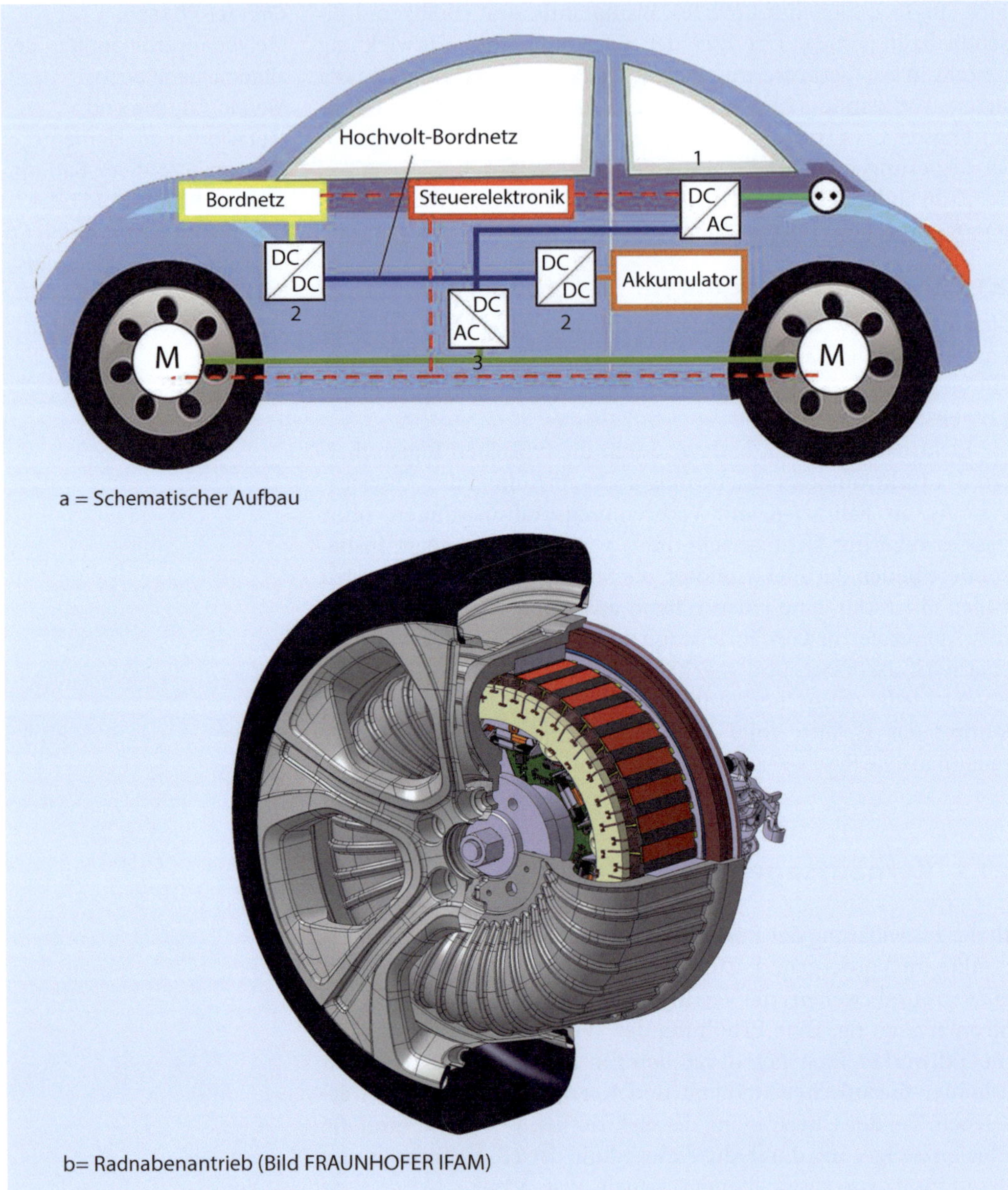

Abb. 2.9 Typische Komponenten eines E-Automobils. 1 = Ladegerät, 2 = Gleichspannungswandler 3 = Wechselrichter, M= Antriebsmotor (Einzelradantrieb)

den Betrieb notwendige Wasserstoff durch Wasserelektrolyse mit „grünem Strom" gewonnen wird. Eine andere Möglichkeit bietet die Wasserstoffgewinnung auf photokatalytischem- oder photobiologischem Weg.

Eine Deckung des Gesamtenergiebedarfes mit diesen Zielstellungen ist nur durch Nutzung erneuerbarer Energiequellen möglich. Da ihre Energie nicht kontinuierlich zur Verfügung steht, ist die unabdingbare Voraussetzung ihrer sinnvollen Nutzung die Speicherung.

Schon Wilhelm *Ostwald* fordert in seinem Buch „Der energetische Imperativ“: *„Vergeude keine Energie, verwerte sie!“*. Er zeigt mit dieser Aussage eine Richtung an, dass mit einer sinnvollen Nutzung von Energie eine CO_2-Einsparung auch ohne zusätzliche Investitionen heute möglich ist.

2.2 Sensoren und Aktoren

Durch die Verknüpfung von Sensoren und Aktoren in einer Verarbeitungseinheit ergibt sich die Interaktion beider zu einem Gesamtsystem. Die eigentliche Aufgabe des Sensors in diesem System besteht darin, die Eingangsgröße zu erfassen und als Signal im einfachsten Falle an ein Messinstrument auszugeben. Oft erfolgt durch Übergabe an eine Verarbeitungseinheit eine Wandlung des Signals, um damit einen Aktor anzusteuern und seine Wirkungen zu erzeugen.

Wichtige Anforderungskategorien sind in ◘ Tab. 2.6 enthalten.

2.2.1 Sensoren

Sensoren (von lat.: sensus = der Sinn) sind Funktionseinheiten zur qualitativen oder quantitativen Detektion einer Eingangsgröße. Als technische Disziplin hat sich der Begriff Sensorik durchgesetzt. Eingangsgrößen können sein:

- Geometrische Größen (Position, Abstand, Füllstand, Schichtdicke)
- Bewegungsgrößen (Weg, Geschwindigkeit, Beschleunigung)
- Kräfte und daraus abgeleitete Größen (Kraft, Druck, Spannung, Drehmoment)
- Hydrostatische und hydrodynamische Größen (Strömungsgeschwindigkeit, Durchfluss, Viskosität, Grenzflächenspannung)

◘ Tab. 2.6 Anforderungen an Sensoren und Aktoren

Kategorie	Parameter
Zeit	Zeitpunkt und Zeitdauer
Qualität	Erforderliche bzw. erreichbare Genauigkeit
Kosten	Zeit, Qualität und zur Verfügung stehende Werkstoffe

- Thermometrische und kalorimetrische Größen (Temperatur, Wärmemenge, Wärmeleitfähigkeit, spezifische Wärme)
- Chemische Größen [qualitativ und quantitativ] (Stoffnachweis, Feuchte, pH-Wert, Redoxpotenzial, Stoffkonzentration)
- Biologische Effekte (Konzentration biologisch wirksamer Komponenten)
- Elektrische und magnetische Größen (elektrisches Potenzial, magnetische Induktion)
- Elektromagnetische Strahlung (Absorption, Transmission, Extinktion, Strahlungsleistung, Polarisation, Aktivität, Dosis)
- Optische Größen (Brechungsindex, Leuchtdichte, Lichtstärke, Lichtstrom)

Viele Sensoren enthalten in ihrer Bezeichnung den ihnen zugrundeliegenden Effekt, wie *Hall-*, *Seebeck-* (⇨ 5), magnetostriktiver-, Foto-, *Faraday-*, *Kerr-* und Piezoeffekt. Eine weitere Einteilungsmöglichkeit der Sensoren besteht in der Unterscheidung nach der Energiequelle in aktive und passive Sensoren. Aktive Sensoren liefern in Abhängigkeit von der Eingangsgröße die Energie, die zur Weitergabe der Information an die Verarbeitungseinheit notwendig ist. Passiven Sensoren benötigen zur Signalgewinnung eine äußere Energiequelle, meist elektrische Energie.

Ausgehend von den Eingangsgrößen leiten sich die entsprechenden Sensortypen auf Basis spezieller Werkstoffe ab, entsprechend ◘ Tab. 2.7.

⇨Glossar: (6) **λ-Sonde**

Beispiele für Sensoren zeigen die ◘ Abb. 2.10, 2.11, 2.12 und 2.13.

2.2.2 Aktoren

Aktoren, oft (von engl.: actuator) als Aktuatoren bezeichnet, setzen Signale (z. B. von einem Sensor ausgehend in einer Steuereinheit verarbeitet) in ein Ergebnis um (Ausgangsgröße) und dienen oft als Antriebe. Als Fachbezeichnung dient der Begriff Aktorik. In ◘ Tab. 2.8 sind die wichtigsten Aktorprinzipien und Werkstoffe zusammengefast.

Aktoren reagieren auf Änderungen bestimmter Umgebungsgrößen mit definierten Aktorwirkungen. So wird es möglich, elektrische Regelstrecken durch ein einziges Element zu ersetzen. Aktoren auf Basis von Formgedächtnis-Legierungen und Dehnstoffelementen sind temperatursensitiv und kommen beispielsweise in Temperaturreglern zum Einsatz. Smarte Hydrogele werden unter anderem für Chemostate verwendet, die pH-Wert, Ionen- oder Stoffkonzentrationen automatisch regulieren.

In der Literatur spricht man bei neueren Anwendungen gern von „unkonventionellen Aktoren". Als solche gelten diejenigen, die im Gegensatz zu den klassischen Aktoren aus dem Maschinenbau, mit alternativen Aktorprinzipien arbeiten. Dazu zählen solche Effekte, wie z. B. Elektrostriktion, Piezoeffekt, Magneto-

Tab. 2.7 Werkstoffe für Sensoren und ihre Einsatzgebiete

Sensorart	Applikation	Werkstoff
Temperatursensoren (reagieren auf Temperatur, Wärmeleitung, Wärmestrahlung)	Thermoelement	Fe-Konstantan, Au-Ag, W-Mo, Mo-Ta, Ir60Rh-Ir, Ni-NiCr, Pt-PtRh
	Widerstandsthermometer:	Platin (Pt100)
	Halbleiterthermometer	Si-Technik (Diode, Transistor)
	Pyrometer (Strahlungsthermometer)	Pyroelektrische Werkstoffe wie $LiTaO_3$; $\lambda = 2–20\ \mu m$
	Pyroelektrische Detektoren	Triglyzinsulfat (TGS), Lithiumtantalat, PZT, PVDF
	Kaltleiter (PTC)	Metalloxide, wie BaO, CaO, SrO, PbO, TiO_2,NbO_2, ZrO_2, HfO_2
	Heißleiter (NTC)	Fe_3O_4, Zn_2TiO_4 (2ZnO-TiO_2), $MgZr_2O_4$, Fe_2O_3, TiO_2, NiO, CoO, Li_2O
	Bimetallthermometer	Verbunde aus zwei met. Werkstoffen z. B. Stahl-Mesing,Zink-Stahl, Invar-Stahli
Mechanosensoren (reagieren auf Dehnung, Drehmoment, Druck, Kraft, Masse, Beschleunigung, Längenänderung)	Dehnungsmessstreifen (DMS) (Abb. 2.9)	Konstantan (Cu-Ni-Leg), Ni-Cr, Pt-W, Si
	Kraftsensoren	α-SiO_2, $LiNbO_3$ (Lithiumniobat), ZnO, $BaTiO_3$, $PbNb_2O_3$ (Blei-(meta)-niobat), Pb..Ba..Sr..Nb_2O_6, modifzierte Bleititanate, $BiTiO_3$, PZT (Blei-Zirkonat-Titanat), ITO (Indium-Zinn-Oxid)
	Beschleunigung	PZT
	Ultraschallsensor	PVDF (Polyvinylidendifluorid)
	Inkrementale Sensoren	Spule, Feldmagnet (induktiv), Kondenstoranordnung (kapazitiv)
Magnetfeldsensoren (reagieren auf Induktivität, magnetische Feldstärke, magnetische Polarisation)	Magnetooptische Sensoren (*Faraday*-Effekt)	Bleisilicatglas, Quarz, Bromnaphthalin
	Magnetoresistive Sensoren (*Hall* und *Gauß*-Effekt)	$A^{III}B^{V}$-Verbindungen, wie InSb
	Anisotrope magnetoresistive Sensoren (AMR)	binäre, bzw. ternäre Legierungen aus Ni, Fe, Co, insbesondere Permalloy (Ni/Fe 81/19) keine Magnetostriktion
	Supraleitende Spulen (N_2-flüssig)	SQUID (Hall-Sonden)

(Fortsetzung)

2

Tab. 2.7 (Fortsetzung)

Sensorart	Applikation	Werkstoff
Optosensoren (reagieren auf Wellenlänge, Intensität, Polarisation, Reflexion, Absorption, Extinktion)	Fotodiode	Si, GaP, Ge, ternäre MK, wie InGaAs λ = 190–2000 nm
	Fotowiderstand (Fotoleiter)	HgCdTe λ=16 µm
	Fotozelle (äußerer Fotoeffekt)	Cs/Sb und NaKSb-Verbindungen
	Fotomultiplier	Baugruppen: Szintillationskristall NaJ(Ti), Multialkalikatoden wie RbCsSb, Na_2KSb, RbCsKSb
	Faseroptik	Polarimetrische Sensoren, Interferometrie; SiO_2, PC, PMMA
Chemo- und Biosensoren (reagieren auf Konzentration, Feuchtigkeit, Molekül- oder Ionenart, Reaktionsgeschwindigkeit)	Ionensensitive Elektroden	Polymermembranen, Keramik, chemisch sensitive FET
	pH-Sensoren	Glaselektrode, Indikatorfarbstoffe
	λ-Sonde (Abb. 2.10)	ZrO_2 dot. mit Y_2O_3 Lambdasonde (Spannungssprungsonde); [ZrO_2+Y_2O_3], Widerstandssprungsonde [TiO_2 mit O2 – Fehlstellen]
	Biosensoren	Enzyme, Antikörper
Schallsensoren (elektroakustische Wandler) (reagieren auf Schalldruck, Schallgeschwindigkeit, Absorption, Frequenz, Intensität)	Kondensatormikrofon	Metallmembranen, Dielektrikum Luft
	Elektretmikrofon	Membranen aus vorpolarisierten PTFE, PET, PP, PVDF, SiO_2
	Piezomikrofon	PZT, Quarz
Kernstrahlungssensor (reagieren auf Strahlungsenergie, Strahlungsfluss)	Fotomultiplier	BeO, MgO, $A^{III}B^{V}$-Verbindungen
	Halbleiterdetektoren	Si, Ge
	Szintillationszähler	Natriumiodid (NaI), mit geringen Mengen Thallium (Tl, ca. 0,1 %) dotiert, Lanthanchlorid ($LaCl_3$) oder Cäsiumiodid (CsI), sowie das auch für höherenergetische Gammastrahlung empfindliche Bismutgermanat (BGO) ($Bi_4Ge_3O_{12}$) und das mit Ce^{3+} dotierte Lutetiumyttriumoxyorthosilicat LuYO[SiO_4] oder Lutetiumoxyorthosilicat $Lu_2O[SiO_4]$
Sensoren für das elektrische Feld (reagieren auf elektrische Feldstärke, Kapazitätsänderung)	Kapazitive Sensoren	ITO in Touchscreen, Drucksensoren, Abstandssensoren und Beschleunigungssensoren

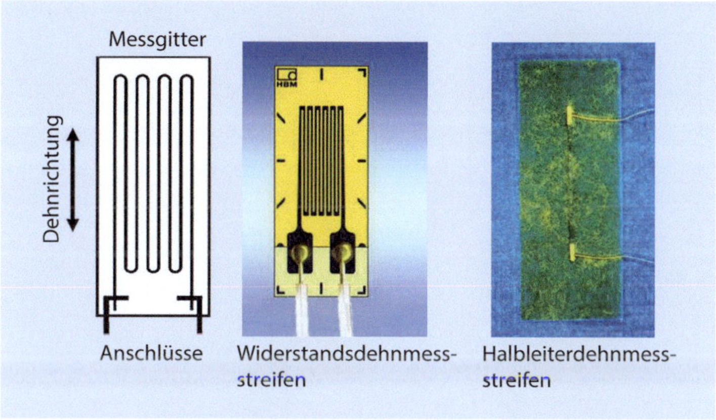

Abb. 2.10 Dehnmessstreifen, a = schematische Aufbau, b= Widerstandsdehnmessstreifen LY von HBM (Messgitter Konstantan auf Polyimid), c = Halbleiterdehnmessstreifen (Si)

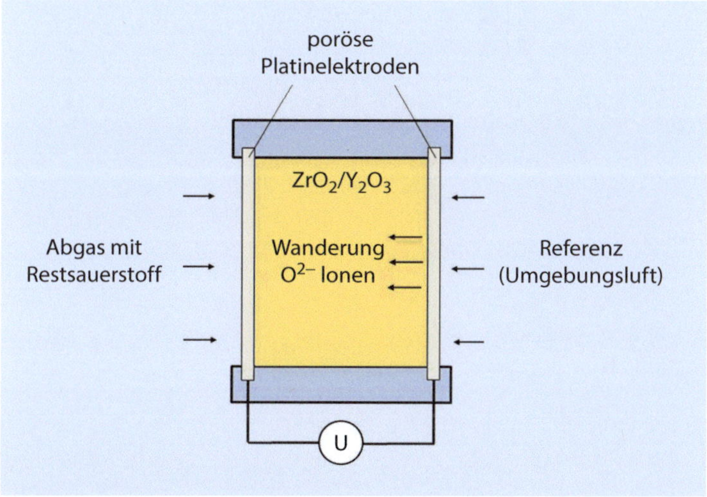

Abb. 2.11 Schema einer λ-Sonde

striktion oder Formgedächtniseffekt, die Nutzung des elektrorheologischen-, magnetorheologischen- oder thermopneumatischer Effektes in Fluiden z. B., Umwandlung von Gasen. An Hand ausgewählter Beispiele sollen Werkstoffe und ihre Anwendung für die genannten Wirkprinzipien aufgeführt werden.

Der *Elektromotor* nutzt induktiven Effekt zur Umwandlung elektrischer in mechanische Energie (Rotationsbewegung). Die Hauptbaugruppen sind in der Abb. 2.14 dargestellt, dazu gehören Rotor, Stator und in einigen Fällen ein Kommutator, Rotor und Stator können vertauscht sein.

In *magnetostriktiven Aktoren* nutzt man den magnetostriktiven Effekt zur Umwandlung elektrischer in mechanische Energie

⇨Glossar: (7) **Magneto- und Elektrostriktion:**

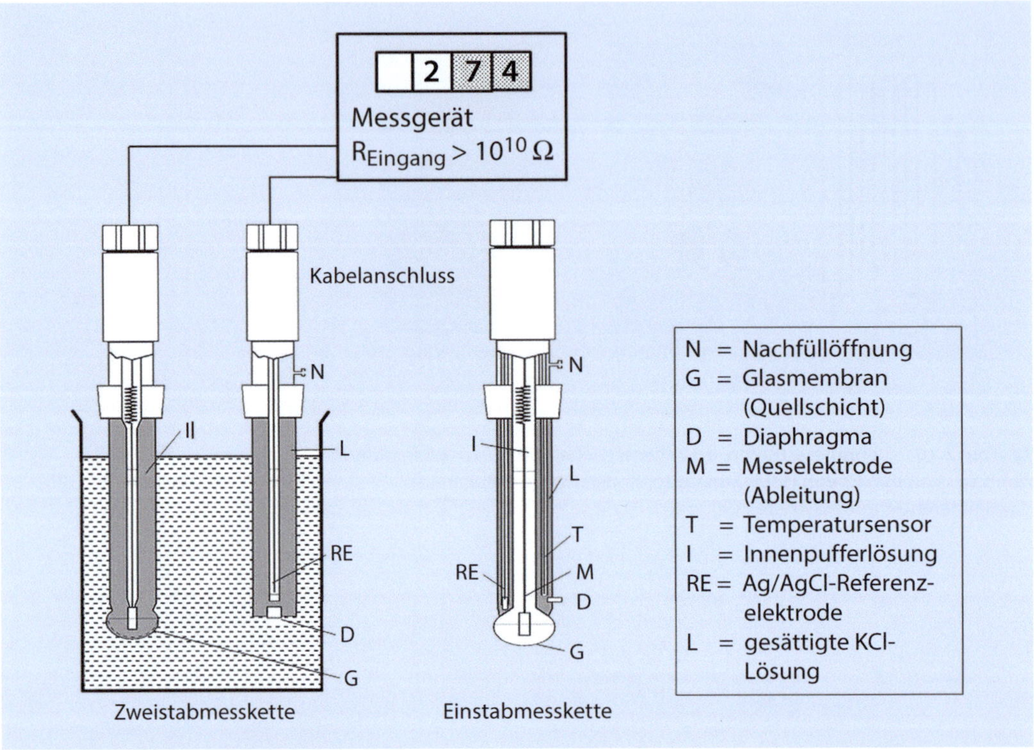

Abb. 2.12 Elektroden zur pH-Messung

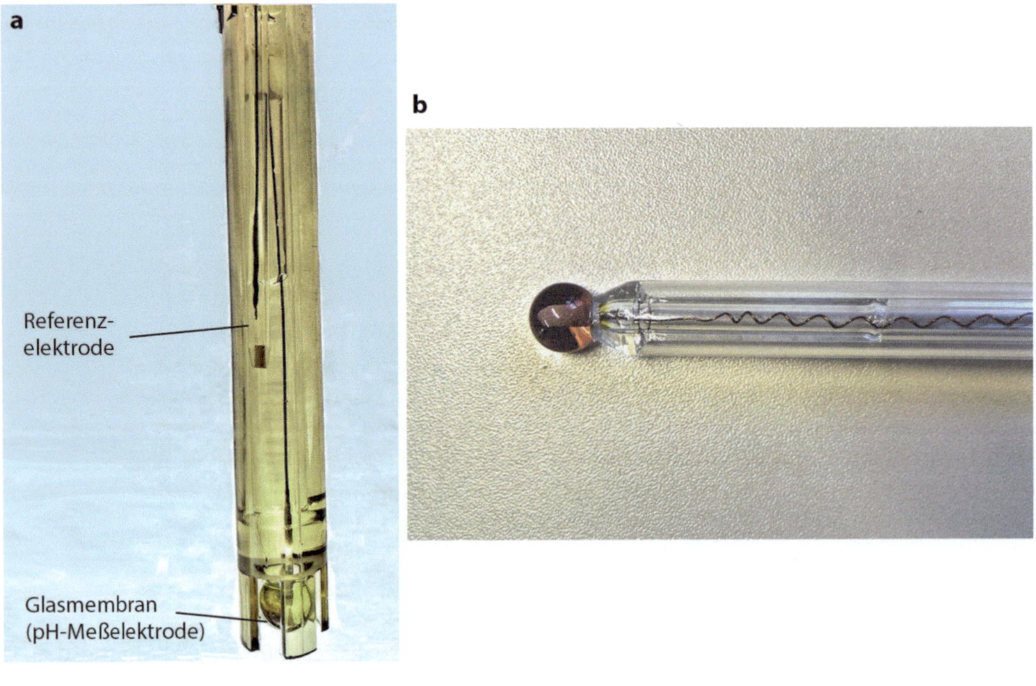

Abb. 2.13 **a**: Einstabmesskette, **b**: pH-Messelektrode (Glaselektrode). (Foto: a HSM Vieweg, b KSI Meinsberg)

Tab. 2.8 Aktorprinzipien

Aktorart	Applikation	Werkstoff
Feldwandler (magnetisches und elektrisches Feld) Induktiver Effekt	Elektromotoren	Rotor und Stator:Kupferdraht, weichmagnetische Fe-Si-Legierungen (Dynamoblech), hartmagnetische Werkstoffe NdFeB- und SmCo-Legierungen, Kommutator: Kohle, Kupfer- und Edelmetalllegierungen
Magnetostriktiver Aktor (magnetostriktiver Effekt	Linearmotor, Einspritzventil	Terfenol-D, Samfenol-D, Metglas®, Co-Fe-Oxide
Elektrostriktiver Aktor (elektrostriktiver Effekt)	Einspritzdüse, Schallgeber	PMN, PT, PLZT
Piezowandler (inverser Piezoeffekt)	US-Reiniger, Schweißen mit US, Piezoventil, US-Zertrümmerer, US-Vernebler	Bariumtitanat, PZT, PVDF
Magneto-rheologischer Aktor (magneto-rheologischer Effekt)	Stoßdämpfer, Kupplungen, Schwingungstilger, hydrodynamische Lager, Bremsen	MR-Flüssigkeiten, z. B. Suspensionen aus Silikonöl, ferromagnetische Partikel, Tenside und Aktivator MR Elastomer
Thermowandler	Thermoschalter (Bimetall Stellantrieb (Thermostat) Dehnungsstellelement (Dehnstoff) Stellelemente (Shape Memory Effekt bei SMA)	Wachse, Öle, niedrigschmelzende Met.-Legierungen SMA: metallische Martensite, NiTi-, CuZnAl- u.Fe-Legierungen, Polymere
Elektroaktive Polymer Wandler (ferroelektrischer Effekt)	Bildschirme	Organische Ferroelektrika
Strömungswandler (Strömungsenergie, Fluidik)	Strömungskupplung (Hydraulik), Druckluftmotor (Pneumatik)	Hydrauliköle,
Chemische Reaktion	Explosionsdruck (Pyrotechnische Schalter, Airbag, Kabeltrenner) Reversible Elektrolyse ($H_2O \leftrightarrow H_2 + ½ O_2$)	Azide, Zellulosenitrat, Perchlorate + sauerstoffreiche stickstofffreie organischeVerbindungen, Nitratester von Polyolen

(Translation). Der Werkstoff unterliegt einer Verformung, wenn er einem Magnetfeld ausgesetzt wird. Neben den ferromagnetischen Elementwerkstoffen Fe, Ni und Co gelangen heute Eisenlegierungen mit Seltenerdmetallen zur Anwendung, wie: Terfenol-D ($Tb_{0.3}Dy_{0.7}Fe_{1.92}$), Samfenol-D ($Sm_{0.88}Dy_{0.12}Fe_2$), [28] $CoFe_2O_4$ (Einkristall), $CoFe_2O_4$ (polykristallin). Außerdem Eisen-Bor-Legierungen vom Typ des Metglas® 2605 SA1, einer eisenbasierten amorphen weichmagnetischen Legierung mit der Zusammensetzung: Eisen 85–95 %, Silizium 5–10 % und Bor 1–5 %. Die magnetostriktive Verformung von Terfenol D kann z. B. bis zu

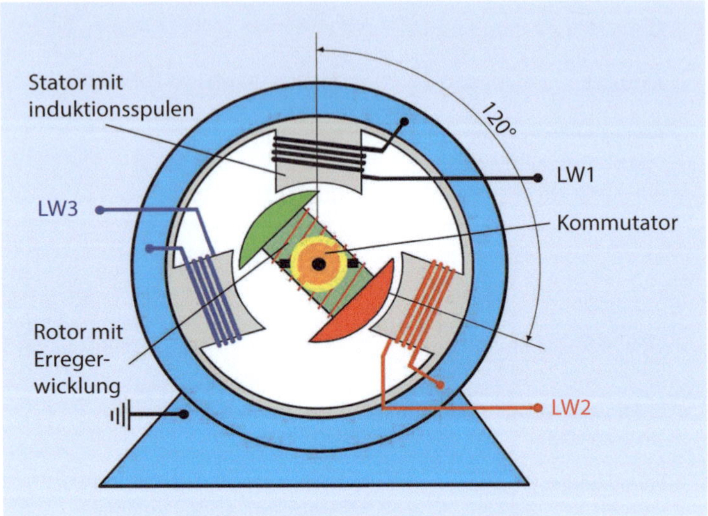

■ **Abb. 2.14** Prinzipieller Aufbau eines Drehstrommotors

1600 ppm betragen. Magnetostriktive Werkstoffe bilden eine Alternative zur Piezokeramik für Niedervoltaktoren.

Bei Einwirkung des elektrischen Feldes auf paraelektrische Stoffe kommt es zur Verformung, dem elektrostriktiven Effekt, was im *elektrostriktiven Aktor* zur Anwendung gelangt. Hauptsächlich verwendete Werkstoffe sind Blei-Magnesium-Niobat (PMN), Blei-Titanat (PT) und Blei-Lanthan-Zirkonium-Titanat (PLZT). Die der elektrischen Spannung proportionale Verformung ist geringer als bei Piezoelektrika. Man spricht von Relaxor-Ferroelektrika; im Vergleich zu den *Piezoelektrika.*

⇨Glossar: (8) **Piezoelektrischer Effekt**

Für Aktoren unter Nutzung des inversen piezoelektrischen Effek tes kommen Keramiken mit Perovskit-Struktur auf Basis von Bariumtitanat ($BaTiO_3$) oder Blei-Zirkonat-Titanat (PZT) zum Einsatz.

Mit Piezoinjektoren, wie sie ■ Abb. 2.15 zeigt, lassen sich sehr kurze Ansprechzeiten im Millisekundenbereich erreichen, die weit unter denen von elektromagnetischen Antrieben liegen. Außerdem verfügen solche Systeme über Stellkräfte im kN-Bereich, verbunden mit exakten Stellwegen von bis zu 50 μm. Damit ist eine gesteuerte Einspritzmenge an Kraftstoff in einen Verbrennungsmotor möglich, die dem tatsächlichen Kraftstoffbedarf auf Grund des Belastungszustandes des Motors entspricht. Ein anderer Anwendungsfall für Piezoaktoren ist der Ultraschall-Zertrümmerer in der Medizintechnik zur Behandlung von Nieren- und Blasensteinen, wie in ■ Abb. 2.16 dargestellt. Viele einzelne Piezoelemente sind an der Innenseite einer konkaven Schale angebracht. Alle Elemente werden zur gleichen Zeit mit einem Hochfrequenz-Hochleistungsimpuls erregt und erzeugen

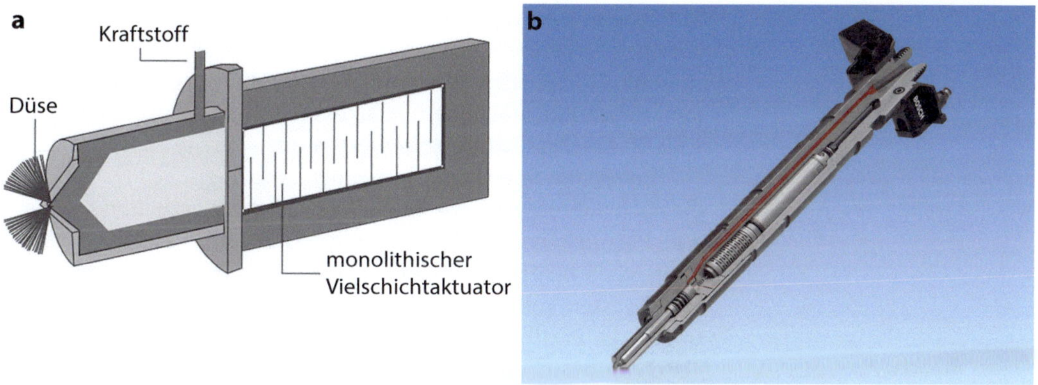

Abb. 2.15 Piezoinjektor, **a**: schematische Darstellung **b**: Schnittbild eines CRS3-25 der Fa. Bosch (Bild BOSCH)

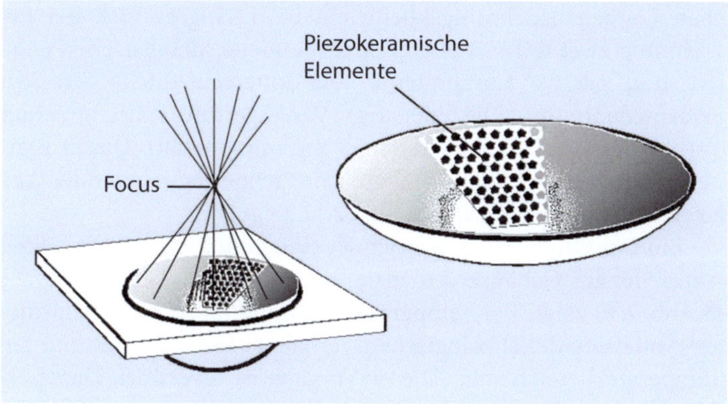

Abb. 2.16 US-Zertrümmerer

so eine Stoßwelle im Ultraschallbereich, die sich durch die konkave Schale auf einen Punkt konzentrieren lässt. Liegt der betreffende Stein im Fokus kann er zertrümmert und die Bruchstücke ausgeschieden werden.

Die Werkstoffentwicklung, mit dem Ziel der Erhöhung der Curietemperatur und des Piezoeffektes geht vom PZT aus, dem Metalloxide von 2-, 3-, 4- und 5-wertigen Metallen zugesetzt werden. In Analogie zum ferromagnetischen Verhalten beruht der piezoelektrische Effekt auf dem ferroelektrischen Verhalten.

Copolymer: Polymerisat aus mindestes zwei unterschiedlichen Monomeren, die gemeinsam das Makromolekül bilden.

Neben keramischen sind auch organische Ferroelektrika bekannt, wie u. a. 1,1-Di(carboxymethyl)cyclohexan, Triglycinsulfat (TGS) und Polyvinylidenfluorid (PVDF), bzw. das Copolymer Poly(vinylidenfluorid-trifluoroethen) P(VDF-TrFE)

Carbonyleisen:
$Fe(CO)_5 \longrightarrow Fe + 5\,CO$.

Eine *magnetorheologische Flüssigkeit (MRF)* besteht aus einer Trägerflüssigkeit in der magnetisch Partikel suspendiert sind. Im Magnetfeld können sich diese Partikel gleichsinnig orientieren und so die rheologischen Eigenschaften der Flüssigkeit verändern.

2

Mit steigender Feldstärke wird die Flüssigkeit zunehmend dickflüssiger. Auf diese Weise verändern sich in einer MRF schnell und reversibel die Fließeigenschaften. Als magnetisches Material kommen neben kugelförmigen Partikeln mit einem Durchmesser von 1 bis 10 µm aus Carbonyleisenpulver auch Ferrite zum Einsatz.

Ferrofluide sind ebenfalls magneto-rheologische Flüssigkeiten, die auch auf magnetische Felder reagieren. Sie enthalten magnetische Partikeln von 5–10 nm Durchmesser und sind kleiner als ein *Weiss*scher Bezirk. Sie sind in einer Trägerflüssigkeit, meist Öl oder Wasser, kolloidal verteilt. Zur Vermeidung der Koagulation tragen die Partikel eine polymere Oberflächenbeschichtung. Die Teilchen bestehen aus Eisen, Kobalt oder Magnetit (Ferrit: $Fe_2O_3 \cdot FeO$). Die Teilchengrößen zwischen MRF und Ferrofluiden unterscheiden sich um den Faktor 1000.

In einem *Thermowandler*, verursacht durch die unterschiedlichen Längenausdehnungskoeffizienten, verlängern sich bei Erwärmung zwei fest mit einander verbundene Metallstreifen (Aktive und passive Komponente) um unterschiedliche Strecken (Wärmedehnung). Die einseitige Verlängerung führt zu einer Verbiegung des Bimetallstreifens (Thermobimetall). Damit können elektrische Schalter, mechanische Stellbewegungen oder Anzeigen gekoppelt sein, wie ◘ Abb. 2.17 zeigt.

Ein *Dehnstoffelement* bezeichnet einen mit Dehnstoff gefüllten Aktor, der aus Gehäuse, Arbeitskolben und Dehnstoff besteht, wie ◘ Abb. 2.18 zeigt. Bei Temperaturerhöhung findet eine nichtlineare Änderung des rheologischen Verhaltens in einem bestimmten Temperaturbereich statt. Dieser Vorgang ist reversibel. Dabei erfährt der Dehnstoff eine deutliche Volumenänderung. Sie führt zur Bewegung eines Kolbens. Kühlt sich der Dehnstoff wieder ab, wird der Arbeitskolben z. B. durch einen Federmechanismus in die Ausgangslage zurückgedrückt. Mit der Verwendung bei unterschiedlichen Temperaturen schmelzender Wachse oder Öle, bzw. auch niedrigschmelzender Metalllegierungen, wird über das Schmelzintervall der Schaltbereich definiert. Der Wärmeübergang beeinflusst die Geschwindigkeit des Schaltvorganges. Bei organischen Medien ist das auf Grund ihrer schlechten Wärmeleitfähigkeit besonders ausgeprägt. Die Einsatzmöglichkeiten von Dehnstoffelementen liegen im Temperaturbereich von etwa −40 °C bis + 180 °C.

⇨Glossar: (9) **Shape-Memory-Effekt**

Formgedächtnislegierungen (FGL) zeigen den Shape-Memory-Effekt (SME). Die Auslösung des Formgedächtniseffektes erfordert die Aufwendung geringer Energie, deshalb können FGL zur Übertragung großer Kräfte u. a. als Aktoren eingesetzt werden. Viele zeigen auch nach zahlreichen Bewegungszyklen kaum Ermüdung.

In der Übersicht sind eingesetzte Shape-Memory-Werkstoffe aufgelistet:

- NiTi (Nickel-Titan, Nitinol)
- CuZn (Kupfer-Zink)
- CuZnAl (Kupfer-Zink-Aluminium)

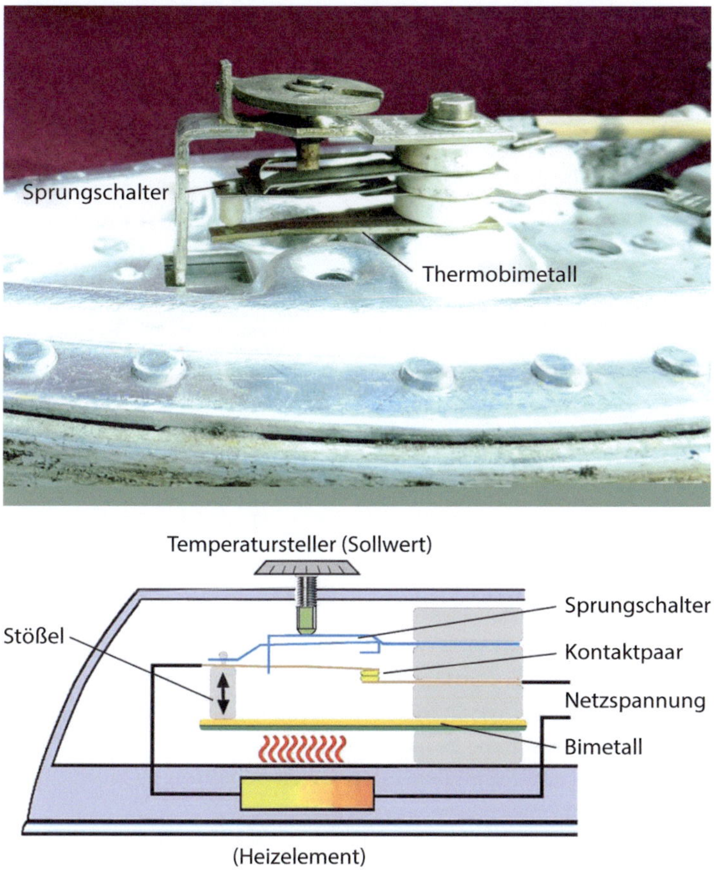

Abb. 2.17 Thermobimetall-Schalter in einem Bügeleisen. (Foto HSM Hofmann)

- CuAlNi (Kupfer-Aluminium-Nickel)
- FeNiAl (Eisen-Nickel-Aluminium)
- CuAuZn (Kupfer-Gold-Zink)
- Formgedächtnis-Polymere (Memory-Effekt) Formgedächtnis-Polymere auf Basis thermoplastischer Polyurethane (TPU), entwickelt von Bayer Material Science gemeinsam mit der BAM Bundesanstalt für Materialforschung und -prüfung, Berlin [29]

Die Anwendung von *strömenden Medien (Fluidik)* zur Signalverarbeitung besteht in der Umwandlung von Strömungsenergie in mechanische Arbeit. Strömungsmechanische Bauelemente arbeiten mit Hilfe von flüssigen, wie Wasser und Hydraulikflüssigkeiten (Hydraulik), oder komprimierbaren Medien, wie z. B. Luft (Pneumatik). Wegen ihrer Unempfindlichkeit gegen Strahlung, Magnetfelder und Beschleunigungen, sowie geringem Verschleiß kommen sie hauptsächlich in der Luftfahrt-, Raumfahrt- und

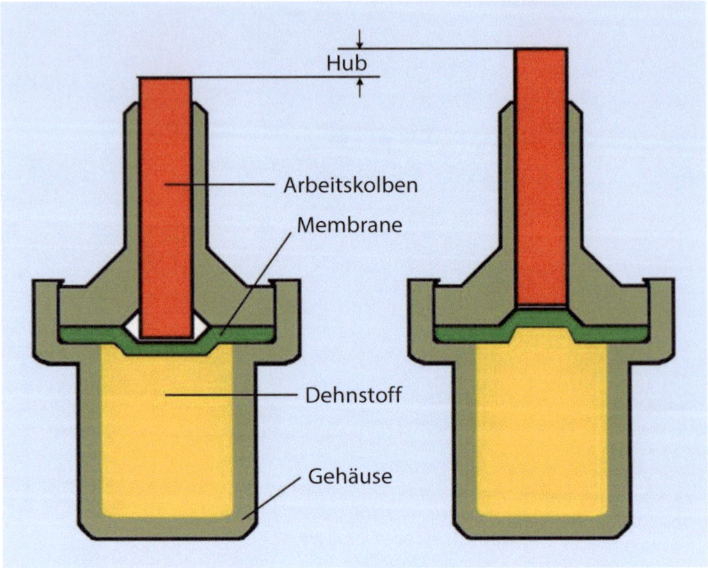

Abb. 2.18 Dehnstoffaktor

Reaktortechnik, außerdem bei Wärmekraft- und Werkzeugmaschinen sowie bei medizinischen Geräten zur Anwendung. Strömungsmechanischen Schaltelemente lassen sich sowohl zu analogen als auch digitalen integrierten Schaltungen zusammenfassen.

Elektrochemische Aktoren (ECA) nutzen Reaktionen, bei denen eine Gasentwicklung stattfindet, die reversibel verläuft (reversible Elektrolyse) [30]. Beim Anlegen einer Spannung baut das entstehende Gas in einem abgeschlossenen Volumen Druck auf, der in mechanische Arbeit umgesetzt werden kann. ECAs auf Basis der Nickel-Wasserstoff-Zelle besitzen eine Elektrodenanordnung aus Katode (Graphit), an der sich der Wasserstoff bildet und der Anode (Nickelhydroxid). Den Lade- und Entladevorgang zeigt die folgende Gleichung:

$$2\mathrm{Ni}(\mathrm{OH})_2 \underset{\text{Entladen}}{\overset{\text{Laden}}{\leftrightarrows}} 2\mathrm{NiO}(\mathrm{OH}) + \mathrm{H}_2$$

Einsatzbereiche für elektrochemische Aktoren liegen zwischen denen von Dehnungselementen und Stellmotoren. Sie dienen der Steuerung von Luftklappen, Kühlwasserfeinregulierungen, Positionierungseinrichtungen, Steuerungen von Raumheizungen und Regelung der Brennstoffzufuhr in Brennersystemen.

Pyromechanische Aktoren (PMA), können in wenigen Millisekunden chemisch gebundene Energie in Bewegungsenergie umsetzen (Explosionsdruck), siehe Tab. 2.8. Sie zeichnen sich durch ihre geringe Baugröße, geringes Gewicht und die hohe Zuverlässigkeit aus. Infolge einer Explosion erfolgt die Energiefreisetzung in kürzester Zeit. Während der Funktion dieses Aktors wird ein Kolben bewegt, womit Halterungen, Klappen oder auch hochgespannte Federpakete freigegeben werden können.

Zum Einsatz kommen pyromechanische Aktoren überall dort, wo im Not- oder Überlastfall schnell eine mechanische Ver- oder Entriegelung stattfinden muss. Bereits in den 60er-Jahren wurden solche Aktoren in der Raumfahrt erfolgreich verwendet. Im Kfz-Bereich finden solche pyrotechnischen Auslöseelemente in großen Stückzahlen Anwendung, wie z. B. im Airbag, zur Trennung des Batteriestromkreises und Gurtstraffer.

2.2.3 Kernaussagen

Durch die äußere Einwirkung von Energie in Form des elektrischen und magnetischen Feldes, bzw. mechanischer und thermischer Energie auf einen Sensorwerkstoff erfolgt eine Eigenschaftsänderung. Sie muss entweder angezeigt werden bzw. durch Verarbeitung einen Aktor betätigen. Die zahlreichen Effekte bedingen eine Vielzahl von Sensorwerkstoffen über Metalle, Keramiken, Halbleiter und organische Polymere. Durch die Kombination von Sensor, Aktor und Signalverarbeitung entsteht ein Wirkablauf in Form eines Regelkreises. Die Werkstoffe in einem Aktor reagieren auf ein Signal aus der Steuereinheit mit einer Kraftwirkung. Gegenwärtig erfahren die piezoelektrischen und ferroelektrischen Werkstoffe in der Aktorik eine ständige Erweiterung ihrer Einsatzmöglichkeiten.

2.3 Informationstechnik

Der Begriff Informationstechnik (IT), im eigentlichen Sinne elektronische Informationstechnik (EIT), beinhaltet die Informations- und Datenverarbeitung einschließlich der benötigten Hard- und Software, wobei Informationstechnik und Informationstechnologie Synonyme sind. Die Informationstechnik befasst sich mit den technischen Grundlagen und der Nutzung und Weiterentwicklung von Kommunikationssystemen. Es besteht die Aufgabe, Informationen, wie Sprache, Text, Grafik und Bilder, zu erzeugen, zu erfassen, über Netze zu transportieren, in Computern zu verarbeiten sowie zu speichern und in geeigneter Weise wiederzugeben. Nicht nur die Audio- und Videotechnik (analoge und digitale Verfahren), Navigation und Radartechnik sondern auch Mobilfunksysteme und deren Netze sind Kommunikationssysteme.

Eine besondere Stellung nehmen in diesem Zusammenhang digitale Netze ein, ebenso auch die Übertragung über Satellit und Glasfaserkabel.

Durch die industrielle Herstellung elektronischer Komponenten, beginnend mit der Nutzung von Halbleiterbauelementen, wurde die breite Realisierung komplexer elektronischer Systeme auf einem sehr niedrigen Kostenniveau möglich. Eine neue Stufe auf dem Weg der aktuellen Werkstoffentwicklung ist die zunehmende Integration organischer Festkörper (Molekularelektronik) in die Informationstechnik.

In den Betrachtungen zu den Werkstoffen in der Informationstechnik soll die hinreichend bekannte Siliziumtechnologie nicht ausführlich behandelt werden.

2.3.1 Werkstoffe für Speicher

RAM (Random Access Memory) ist der Speichertyp dessen Zellen über ihre Speicheradressen direkt ansprechbar sind, deshalb „wahlfrei", was sich auf „random" bezieht. In Speichern, wie dem DRAM (Dynamisch) oder SRAM (Statisch) erfolgt die Speicherung der Informationen in elektrischen Ladungselementen. Ohne Stromzufuhr geht bei diesen Speichern der Speicherinhalt verloren (flüchtige Speicher).

Nutzt man die Eigenschaft bestimmter Materialien aus, ihren elektrischen Widerstand unter dem Einfluss magnetischer Felder zu ändern, lassen sich MRAMS (nichtflüchtige Speicher) realisieren.

- **DRAM (dynamische RAM)**

Beim DRAM handelt es sich um die gängigste Form von Halbleiterspeichern. Er wird als integrierter Schaltkreis durch die Silizium-Technologie realisiert. Die einzelne Speicherzelle beinhaltet einen Transistor und einen Kondensator und kann 1 bit speichern.

- **MRAM (magnetische RAM)**

Für die Herstellung von MRAM hat sich die MTJ-Technologie (Magnetic Tunnel Junction) etabliert. Zwei dünne ferromagnetische Schichten, getrennt durch eine sehr dünne dielektrische Tunnelbarriere bilden das Speicherelement.

Eine mögliche Schichtfolge einer MRAM-Zelle mit ca. 0,04 μm² zeigt ◘ Abb. 2.19 in Anlehnung an [31].
Zum Beschreiben der Zellen fließt ein Strom durch die Schreibleitungen, die nicht elektrisch leitend mit den Zellen verbunden sind. Durch das die Leiterbahnen bei Stromfluss umgebende Magnetfeld richtet sich die Orientierung in der weichmagnetischen Schicht entsprechend der Stromrichtung aus (Schreibvorgang).

Weichmagnetischer Werkstoff: Dieser Werkstoff verliert nach Wegfall eines äußeren magnetischen Feldes größtenteils seinen Magnetismus. (kleine Koerzitivfeldstärke)

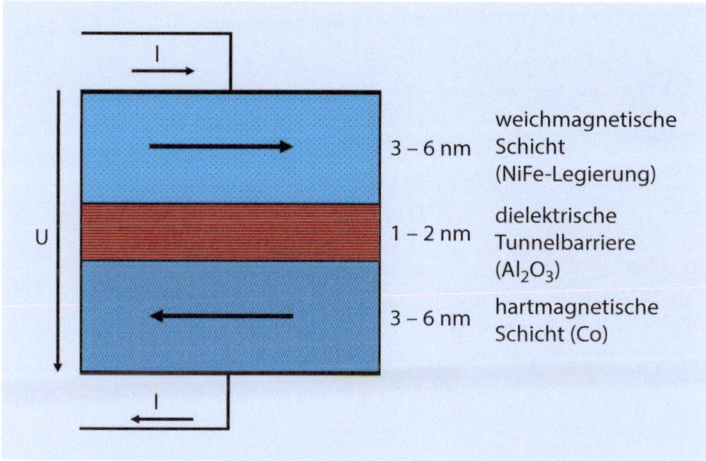

Abb. 2.19 Schichtenfolge einer MRAM-Zelle in MTJ-Technologie

Beim Auslesen wird der unterschiedliche Widerstand der Tunnelbarriere in Abhängigkeit von der Orientierung der Magnetschichten genutzt. Zur Unterscheidung des Speicherzelleninhaltes dient die Orientierung des Magnetfeldes in den beiden Magnetschichten. Sind beide Schichten gleichsinnig orientiert, entspricht das der binären 1 und verhält sich niederohmig. Der umgekehrte Fall, also hochohmig, repräsentiert die 0, wie in Abb. 2.20 dargestellt. Die Dichte der Speicherzellen in MRAM liegt deutlich höher als bei DRAM- oder SRAM-Zellen. Diese mögliche Integrationsdichte schränkt sich dadurch ein, da sich der hohe Schreibstrom als Übersprechen durch magnetische Kopplung auf Nachbarbereiche negativ auswirkt.

- **GMR (Giant-Magnetoresistance)-Zellen**

Weitere Möglichkeiten für Speicher bestehen in der Herstellung von Hybridstrukturen aus Schichten von ferromagnetischen- und Halbleitermaterialien unter Ausnutzung des HALL-Effektes sowie der Nutzung des GMR-Effektes Im Gegensatz zu den nach MTJ-Technologie hergestellten Zellen, was Abb. 2.19 zeigt, haben GMR-Zellen neben der ferromagnetischen eine nichtferromagnetische leitende Schicht, z. B. Cu. Sind die Dimensionen dieser Schichtkombinationen hinreichend gering, zwischen einem und drei Nanometern, treten an den Übergängen von den ferromagnetischen zu den nichtferromagnetischen Schichten vom Elektronenspin abhängige Veränderungen der Bandstruktur auf (Spin-Transfer Torque (STT) MRAM). Um diesen Sachverhalt zu verdeutlichen muss man berücksichtigen, dass eine Schichtdicke von einem Nanometer eine „Einatomlage“ darstellt.

Hartmagnetischer Werkstoff: Permanent- oder Dauermagnete, die durch fremde Magnetfelder schwer ummagnetisierbar sind. (hohe Koerzitivfeldstärke)

Tunneleffekt: (Quantenmechanischer Effekt) Ein Elektron kann eine Potenzialbarriere überwinden, deren Höhe (potenzielle Energie) größer ist als seine kinetische Energie.

HALL-Effekt: Leitetet man einen elektrischen Strom durch ein Metall- oder Halbleiterplättchen und durchflutet es gleichzeitig senkrecht zur Stromrichtung mit einem Magnetfeld, dann werden die Elektronen aus ihrer Driftrichtung seitwärts abgelenkt. Hier entsteht ein Elektronenüberschuss und damit eine Potentialdifferenz, die *Hall*-Spannung.

GMR-Effekt: Quantenmechanischer Effekt, durch den Informationen in magnetischen Schichten dichter als in herkömmlichen Magnetspeichern speicherbar sind. Das Speicherelement besteht aus einer Schichtfolge von metallischen ferromagnetischen und nichtferromagnetischen Schichten im Nanometerbereich.

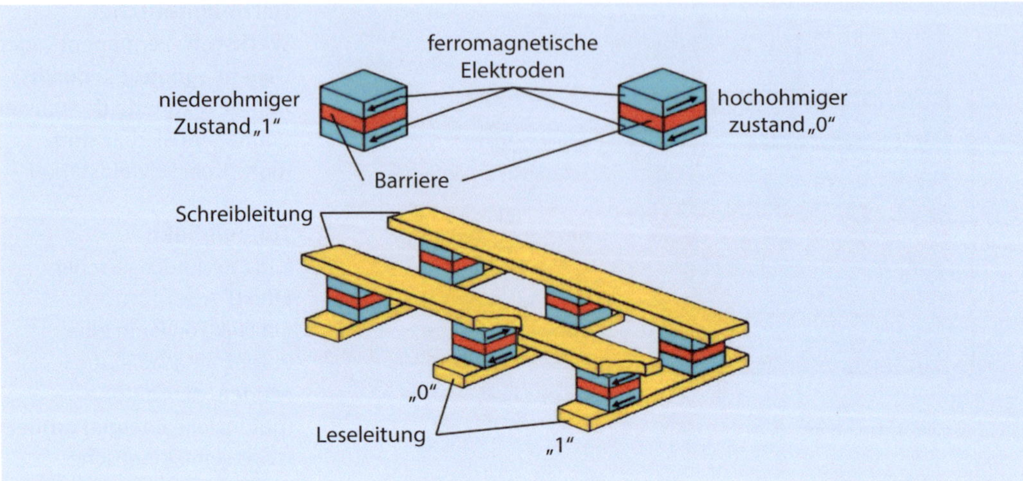

Abb. 2.20 Prinzipieller Aufbau eines MRAM-Speichers

- **Resistive RAM**

RRAM oder ReRAM nutzen Werkstoffkombinationen, die spannungsabhängig ihren Widerstand ändern. Dieser Effekt beruht darauf, dass sich in einem Dielektrikum der Widerstand beim Anlegen einer bestimmten Spannung deutlich verringert, das entspricht der Wirkungsweise von Varistoren. Gegenwärtige Arbeiten basieren auf der Anwendung von Nanoschichten aus dielektrischen Werkstoffen, z. B. ZnO, TiO_2, NiO mit Ti dotiert, auf einem Träger aus Kunststoffen. Die äußere Kontaktschicht besteht z. B. aus Indium-Zinn-Oxid (ITO), in anderen Fällen aus Platin [32].

- **Ferroelektrischen RAM (FeRAM, FRAM)**

Hier wird der Speicher- und Löschvorgang durch Polarisationsänderung in einer ferroelektrischen Schicht verursacht. Eine Variante dafür ist der PFRAM (Polymer Ferroelectric RAM). Die dünne Schicht aus ferroelektrischem Polymer, zwischen zwei Metallschichten angeordnet, enthält Dipole, die sich umpolen lassen und in diesem Zustand verbleiben.

Betrachtet man die vielfältigen für Datenspeicher entwickelten Varianten, so reduziert sich die Vielfalt auf die Eigenschaften des Elektrons Ladungsträger, Träger des magnetischen Spinmomentes zu sein und in Bindungen Dipole zu induzieren, wie das Tab. 2.9 zusammenfasst.

2.3.2 Werkstoffe für Anzeigen

Ein elektronisch angesteuertes Gerät zur Anzeige optischer Signale von veränderlichen Informationen, wie Bildern oder Zeichen, bezeichnet man als Bildschirm, Display, Screen oder Moni-

◘ Tab. 2.9 Für Speicher genutzte Eigenschaften der Elektronen

Eigenschaft	Wirkung	Beispiel
Ladungsträger	elektrische Leitfähigkeit	HALL-Sonde (InAs)
Spinmoment	Ferromagnetismus	GMR, (Co, Fe), MRAM (NiFe-Leg., Co)
Dipolmoment	ferroelektrisches Verhalten	PFRAM (PVDF)

tor. Die Anzeige kann dabei sowohl ein eigenständiges Gerät als auch Teil eines Systems sein.

Mögliche Anzeigen sind:

- Kathodenstrahlröhrenbildschirm Segmentanzeigen (LED, LCD)
- Flüssigkristallbildschirm (LCD, FELIX)
- Feldemissionsbildschirm (FED)
- Plasmabildschirm
- Dünnschichttransistorbildschirm
- Organische Leuchtdiode (OLED)
- Surfaceconduction Electronemitter Display

Die Nutzung der Kathodenstrahlröhre zur Bilddarstellung hat weitgehend nur noch historische Bedeutung. Lichtemittierende Dioden (LED) sind elektronische Bauelemente, die durch Rekombination von Ladungsträgern in einer Sperrschicht Photonen aussenden, wie ◘ Abb. 2.21 zeigt. Für die Emission im sichtbaren Bereich (ca. 400–800 nm) stehen hautsächlich $A^{III}B^{V}$-Verbindungen, wie z. B. GaAs, GaInP und GaPN zur Verfügung. Je nach quantativer Zusammensetzung emittieren Legierungen aus InGaAlP rot, orange oder gelb; Dioden aus InGaN liefern grünes oder blaues Licht. Die IRED auf Basis AlGaAs emittieren im Infrarotgebiet (940 nm).

Mehrere LED in Form von Segmenten angeordnet (z. B. 7-Segmentanzeige), ergeben ein Anzeigefeld für Ziffern, Buchstaben und Zeichen. Eine Anordnung der LED als Matrix gestattet eine freie Darstellung von Bild- und Schriftinformationen. Unter Einbeziehung von Decodern lässt sich die Matrix direkt vom Rechnerbus aus ansteuern.

Die Entwicklung von Werkstoffen für LED in Leuchtmitteln, wie z. B. für Raumbeleuchtung, Hintergrundbeleuchtung von Flüssigkristallbildschirmen, in der Kraftfahrzeugtechnik und Verkehrsampeln erschließt ein weiteres Anwendungsgebiet und trägt wesentlich zur Energieeinsparung bei. Die Lichtausbeute der LED liegt heute bei > 100 lm W^{-1}, Spitzenwerte werden mit 250 lm W^{-1} angegeben.

2

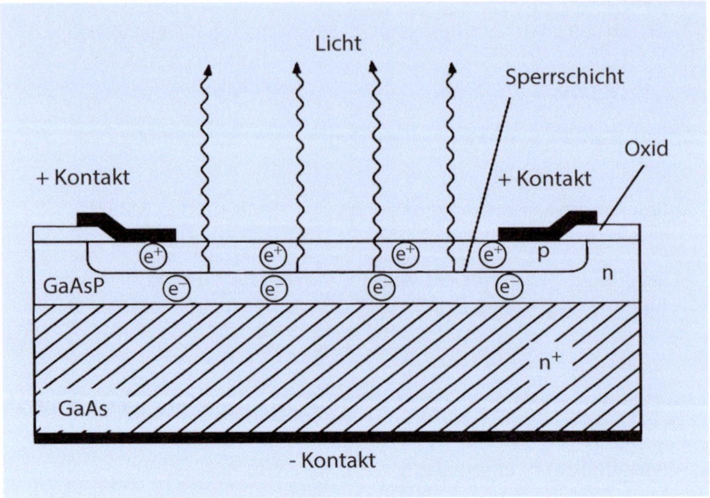

■ **Abb. 2.21** Aufbau einer LED [33]

2.3.2.1 Flüssigkristallanzeigen (LCD)

⇨Glossar: (10)
Flüssigkristall

Der geringe Energiebedarf von wenigen µW cm^{-2} Anzeigenfläche ist das entscheidende Kriterium für die Anwendung von Flüssigkristallen für Diplays in Uhren, Rechnern, Foto- und Filmgeräten. Eine Auswahl von Anzeigebauelementen auf der Basis von LED und LCD zeigt ■ Abb. 2.22.

Flüssigkristallanzeigen bestehen aus Elementen, die unabhängig voneinander ihre Transparenz ändern, wie ■ Abb. 2.23 zeigt. Dazu wird mit elektrischer Spannung in jedem Segment die Ausrichtung der Flüssigkristalle gesteuert, wie ■ Abb. 2.25 zeigt. Damit ändert sich die Durchlässigkeit für polarisiertes Licht, das mit einer Hintergrundbeleuchtung und Polarisationsfiltern erzeugt wird. Eine Bauform von Flüssigkristall-Flachbildschirmen, die Matrix-LCDs, enthalten pro Bildschirmpunkt drei Transistoren, umgangssprachlich häufig auch als TFT-Display (Thin Film Transistor) bezeichnet. Der Aufbau eines TFT entspricht dem des bekannten Metall-Oxid-Halbleiter-Feldeffekttransistors (MOSFET), siehe ■ Abb. 2.24 und 2.26.

⇨Glossar: (11)
Feldeffekttransistor (FET)

Eine Beispielrechnung für einen Flachbildschirmes mit 15 Zoll Bilddiagonale soll die Größenverhältnisse verdeutlichen, siehe dazu ■ Abb. 2.24. Bei einer optimalen Auflösung hat ein solcher Schirm 1024 × 768 Bildpunkte, also 786432 Pixel, was 2359296 Subpixeln entspricht.

Die polaren Gruppen in den Molekülen ermöglichen eine Änderung der Orientierung bei Anlegen einer Spannung. In Abhängigkeit von der Spannung ändert sich Transparenz, in der entsprechenden Zelle von durchlässig bis undurchlässig. Einen Bildpunkt (Pixel) bilden drei solcher Zellen mit dem entsprechenden Farbfilter (RGB). Besteht die mesomorphe Phase aus Makromolekülen spricht man von LCP (Liquid Cristal Colymer). Solche Polymere können sein: Aromatische Polyester, Polyestercarbonate, Poly-

Abb. 2.22 Auswahl von Anzeigen, obere Reihe LED-Anzeigen, untere LCD-Anzeigen (Foto: HSM Hofmann)

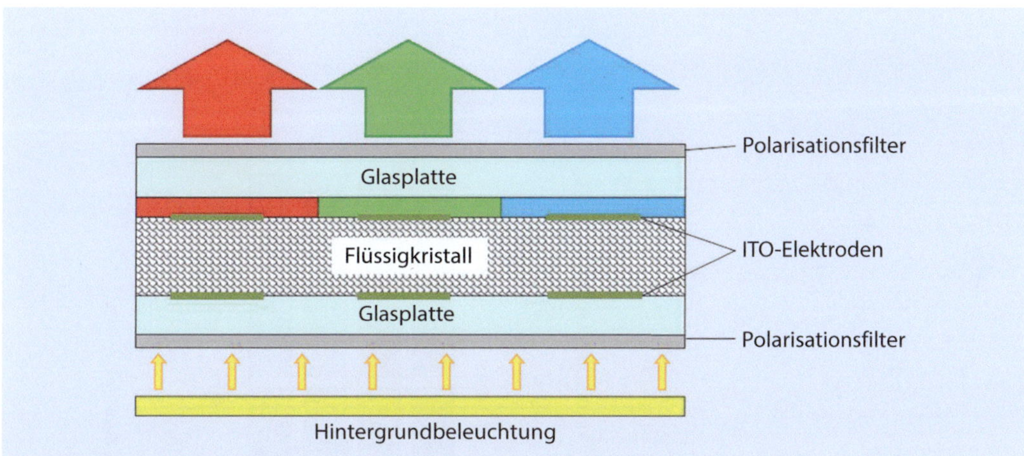

Abb. 2.23 Prinzipieller Aufbau einer Flüssigkristall-Anzeige (Farbtripel), in Anlehnung an [34]

esteramide, Polyesterimide und Polyazomethine. Als Kontaktschicht für Flüssigkristallschirme und OLED findet bevorzugt Indiumzinnoxid (ITO) Anwendung, eine Mischung aus In_2O_3 und SnO_2. Diese dünnen Schichten von etwa 200 nm sind für sichtbares Licht transparent, wie Abb. 2.26 zeigt.

2.3.2.2 Plasmabildschirm (PDP)

Plasmabildschirm (PDP), Abb. 2.27 und Feldemissionsbildschirm (FED), Abb. 2.28, beruhen auf der Emission von sichtbarem Licht durch Anregung von Leuchtstoffen, im ersten Fall durch Elektronen, im zweiten durch UV.

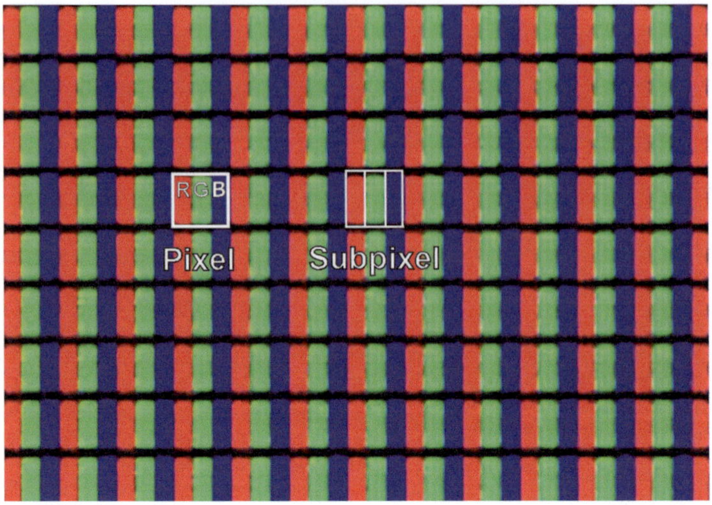

Abb. 2.24 Stark Vergrößerter Ausschnitt eines LCD-Bildschirmes, Sichtbarkeit der einzelnen Subpixel (Kantenläge eines Pixels ca, 0,25 mm)

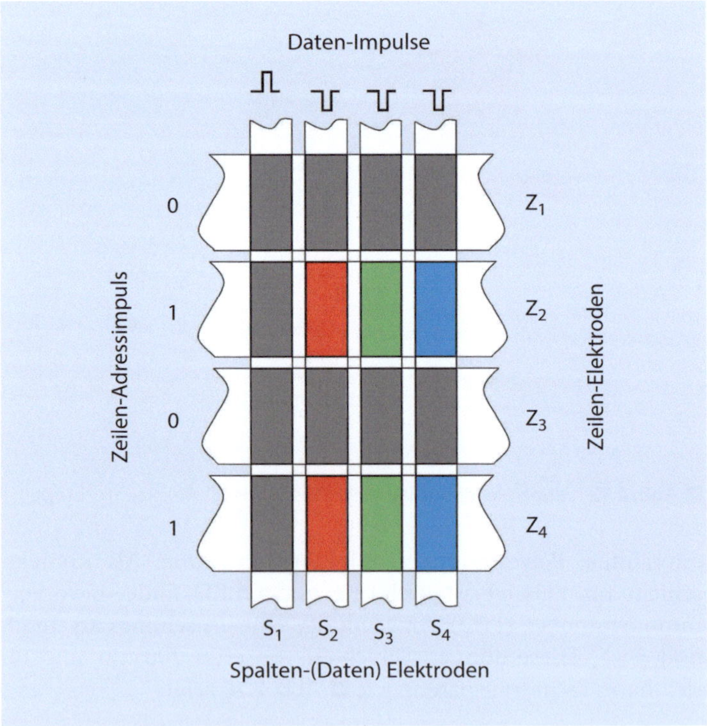

Abb. 2.25 Ansteuerung der einzelnen Subpixel eines LCD-Bildschirmes

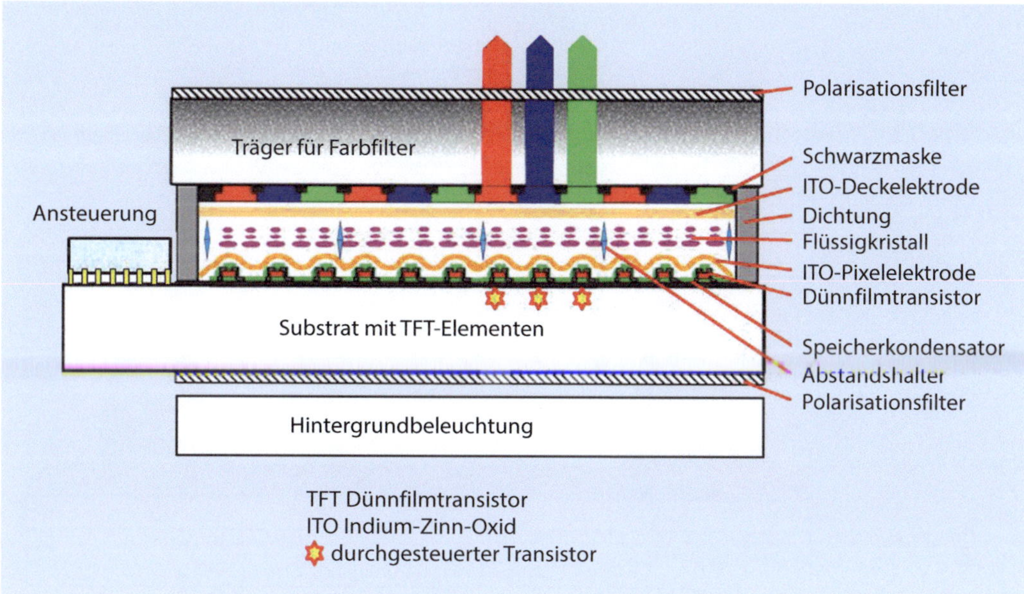

Abb. 2.26 Aufbau einer TFT-LCD nach [35]

Anders als bei Katodenstrahlröhren (CRT) wird bei den FED und PDP jeder einzelne Bildpunkt durch eine eigene Quelle zur Emission angeregt. Diese Aufgabe erfüllen im FED die sog. Microtips (Höhe 30 µm), die sich im Zentrum eines Rasterpunktes einer Isolatorfläche befinden, darauf sind die Gitterelektroden (Gates), in Analogie zum Feldeffekttransistor (FET) (⇨ 11)angeordnet.

2.3.2.3 Feldemisionsbildschirm (FED)

In den FEDs, siehe Abb. 2.28, erfolgt die Anregung des Leuchtstoffes, wie in Tab. 2.10 zusammengefasst, durch Elektronen. Die sichtbares Licht emittierenden Bildelemente, sowohl FEDs als auch PDPs, benötigen im Gegensatz zu Flüssigkristallbildschirmen (LCDs) keine Hintergrundbeleuchtung.

Ähnliche Leuchtstoffe kommen in den PDP zum Einsatz, wie z. B.

$BaMgAl_{10}O_{17}/Eu^{2+}$ für blau, Zn_2SiO_4/Mn^{2+} für grün und für rot $(Y,Gd)BO_3/Eu^{3+}$, $Y(V,P)O_4/Eu^{3+}$ oder Y_2O_2S/Eu^{3+}.

Zur Beurteilung der beiden Displayarten, einerseits Flüssigkristallenzeigen und andererseits Anzeigen mit Leuchtstoffen, sind zwei Aspekte zu beachten:

1. Die große Zahl von Schichten (bis zu 22) bei LCD-Anzeigen verursacht hohe Fertigungskosten bei vertretbaren Werkstoffkosten.
2. Eine geringere Zahl von Schichten bei PDP und FED, aber Verwendung teurer, schwer verfügbarer Rohstoffe für Lanthanoide, wie Terbium und Europium.

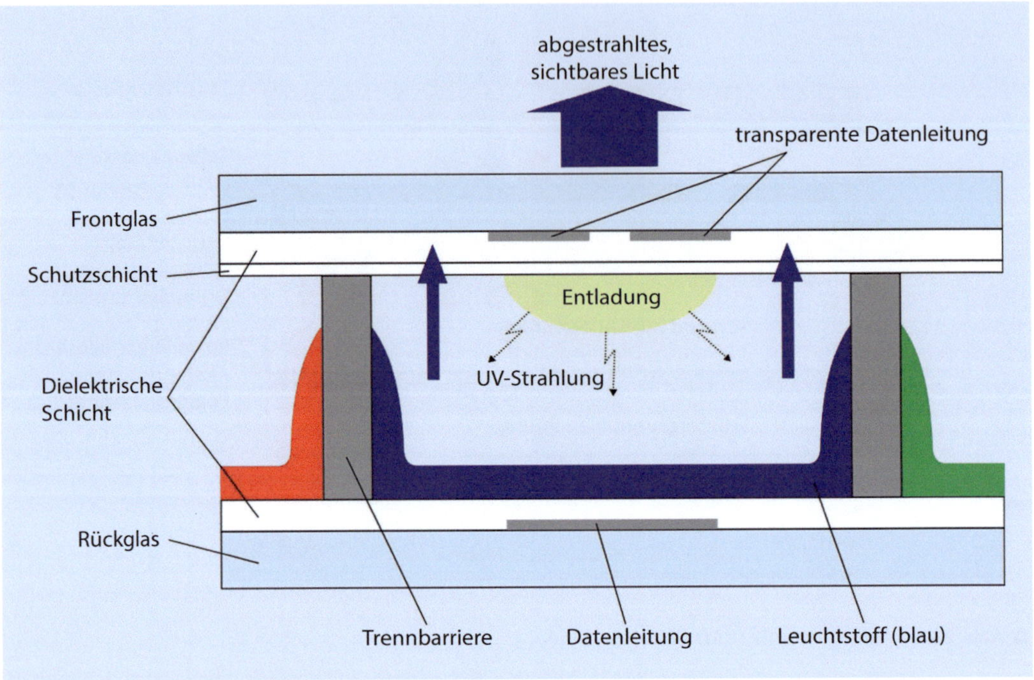

Abb. 2.27 Prinzip einer Zelle (blau) im Plasmabildschirm

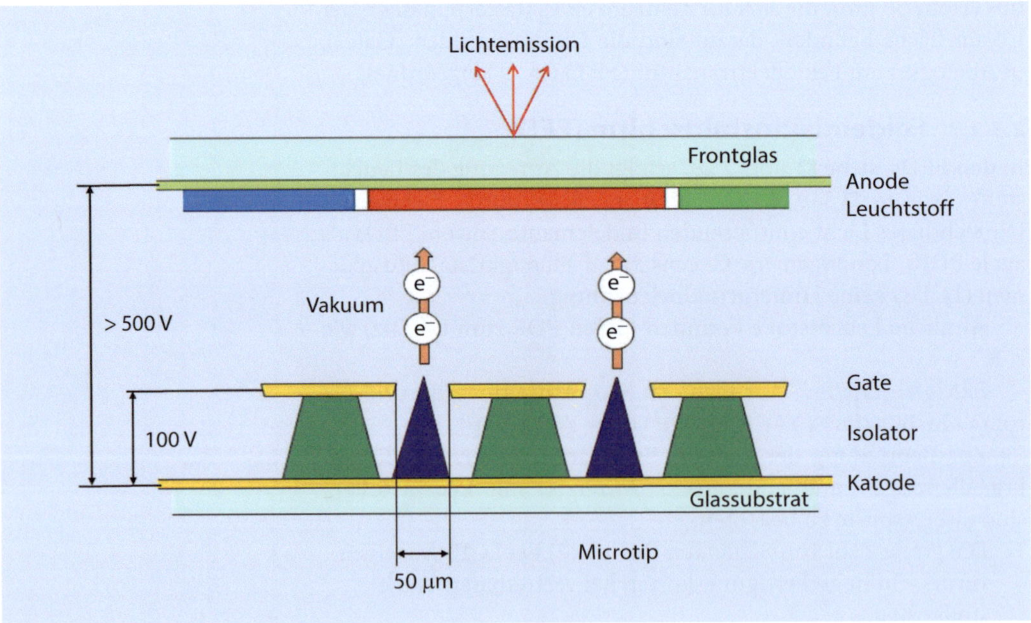

Abb. 2.28 Prinzip einer Zelle (rot) im Feldemissionsbildschirm

Tab. 2.10 Leuchtstoffe für Feldemissionsbildschirme

Leuchtstoff	Hochspannung	Niederspannung
blau	ZnS/Ag^{+}	Y_2SiO_5/Ce^{3+}
grün	$ScBO_3/Tb^{3+}$ ZnO/ZnO $(Zn, Cd)S/Ag^{+}$ $ZnS/Cu+, Al^{3+}, Au^{+}$	$Y_3(Al, Ga)_5O_{12}/Tb^{3+}/Ce^{3+}$ $InBO_3/Tb_{3+}$ La_2O_2S/Tb^{3+} $LaOBr/Tb^{3+}$
rot	$Y_2O_2S_2/Eu^{3+}$ $Zn_3(PO_4)_2/Mn^{2+}$ $(Zn, Cd)S/Ag^{+}$ YVO_4/Eu^{3+}	$Y_2W_3O_{12}/Eu^{3+}$ Y_2O_2S/Eu^{3+} $Zn_3(PO_4)_2/Mn^{2+}$ $(Zn, Cd)S/Ag^{+}$

Anm.: Die nach/folgenden Elemente sind die Dotanden

2.3.2.4 OLED-Bildschirme

Eine Alternative zu den o.g. anorganischen LED stellen die organischen Leuchtdioden (OLED) dar. Sie basieren auf organischen halbleitenden Substanzen, sowohl makromolekulare als niedrigmolekulare. Häufig kommen Derivate von Poly(p-Phenylen-Vinylen) (PPV) zur Anwendung, wie Abb. 2.29 zeigt.

Die OLED-Technik arbeitet mit mehreren Schichten, einer Leitschicht (organischer Halbleiter) und einer Emissionsschicht (Emitterfarbstoff), die nur wenige Nanometer dick sind. Blau emittierende Polymere sind z. B. Derivate des Polyparaphenylens, wie substituierte Polyfluorene, wie Abb. 2.30 zeigt.

Emittermaterialien für den grünen, gelben oder roten Bereich basieren z. B. auf Derivaten des Polythiophen, wobei die Farbe wesentlich durch den Substituenten R bestimmt wird, ist $R = C_{12}H_{25}$- liegt die Emission im Roten, wie Abb. 2.31 zeigt.

Emissionsfarbveränderung kann aber auch durch Copolymere Farbstoffmoleküle oder konjugierte Polymere erreicht werden. Sie enthalten die Grundkörper verschiedener Perylenfarbstoffe in Polyfluorene. Die emittierte Farbe lässt sich je nach Zusammensetzung über einen großen Bereich des sichtbaren Lichtes abstimmen.

Die Leitschicht besteht aus einem Polymerleiter mit konjugiertem Doppelbindungsystem, z. B. Polyanilin, Polythiophen oder Polypyrrol. Durch sie erfolgt die Zuführung der Elektronen in die Emitterschicht [36].

⇨Glossar: (12) **konjugiertes Doppelbindungssystem**

Der Schichtenaufbau einer OLED entspricht dem eines Kondensators, wie Abb. 2.32 zeigt. Ein außen angelegtes elektrisches Feld bringt die Elektronenverteilung der Emittermoleküle in einen angeregten Zustand. Die Lichtemission in einer OLED lässt sich in drei Stufen erklären, die aber real simultan ablaufen. Sie entsprechen vom Prinzip her den Leitungsvorgängen einer LED

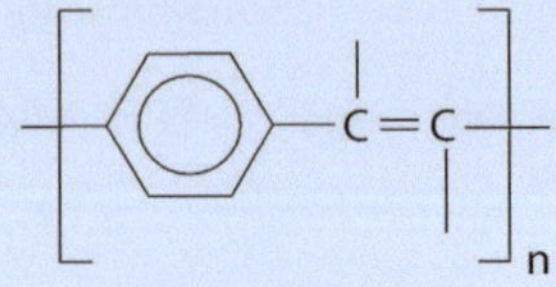

Abb. 2.29 Poly (p-Phenylen-Vinylen) (PPV)

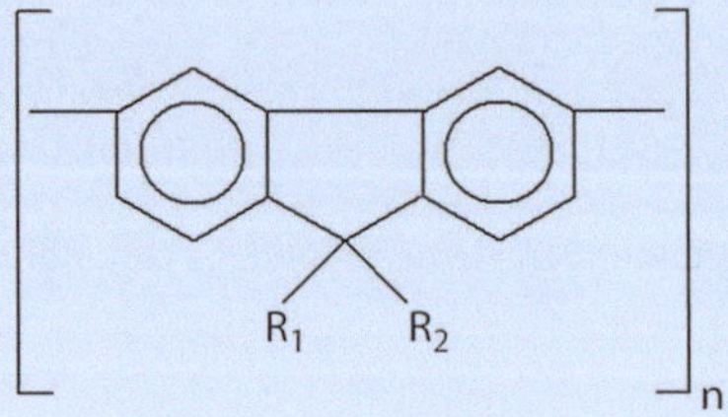

Abb. 2.30 Substituiertes Polyfluoren

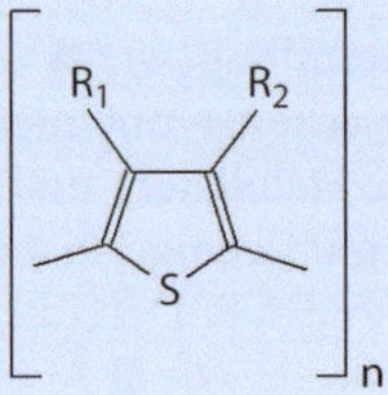

Abb. 2.31 Substituiertes Polythiophen

an einem p-n-Übergang in Durchlassrichtung. Das Funktionsprinzip einer LED auf Basis GaAs und GaAsP wird in Abb. 2.21 dargestellt.

Im einzelnen Atom existieren die Elektronen auf Energieniveaus (Orbitale) mit definierten Energiebeträgen. In Molekülen spalten sich die Atomorbitale (Energieniveau) in Orbitalbänder (Molekülorbital) auf. Das äußere mit Elektronen besetzte Band nennt man Valenzband oder auch HOMO (Highest Occupied Molecular Orbital), das höchste besetzte Molekülorbital. Das energetisch darüber liegende, z. B. bei Isolatoren unbesetzte Band, ist das Leitungsband, auch bezeichnet als LUMO (Lowest Unoccupied Molecular Orbital), das niedrigste unbesetzte Molekülorbital. Der Energieausgleich zwischen HOMO und LUMO erfolgt durch Photonenemission im sichtbaren Bereich im Falle der OLED, wie Abb. 2.33 zeigt (⇨ 2).

Die Elektronen fliesen von der Katode zur Anode durch organische Schichten (Emitterfarbstoff). Um in die emittierende

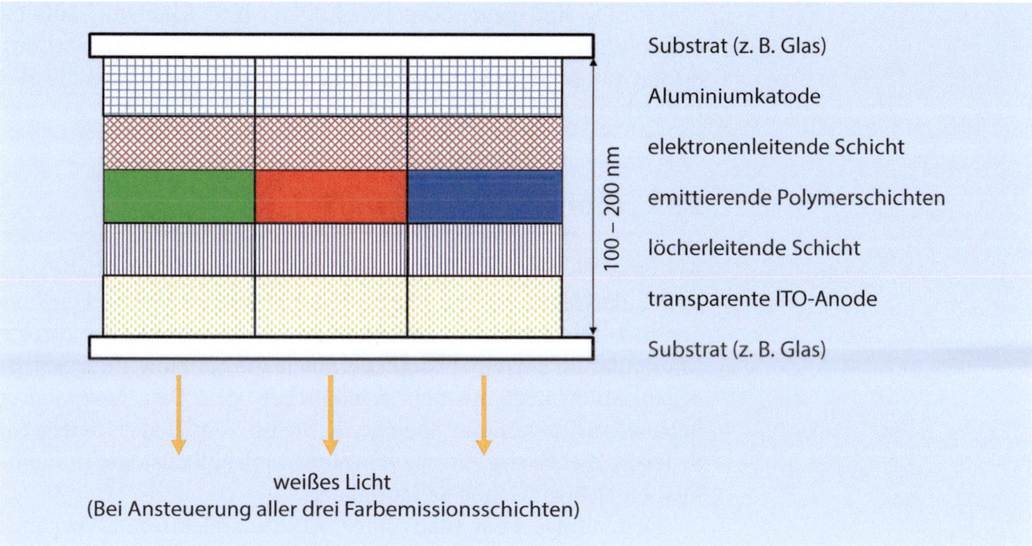

Abb. 2.32 Schichtenfolge eines OLED-Bildpunktes

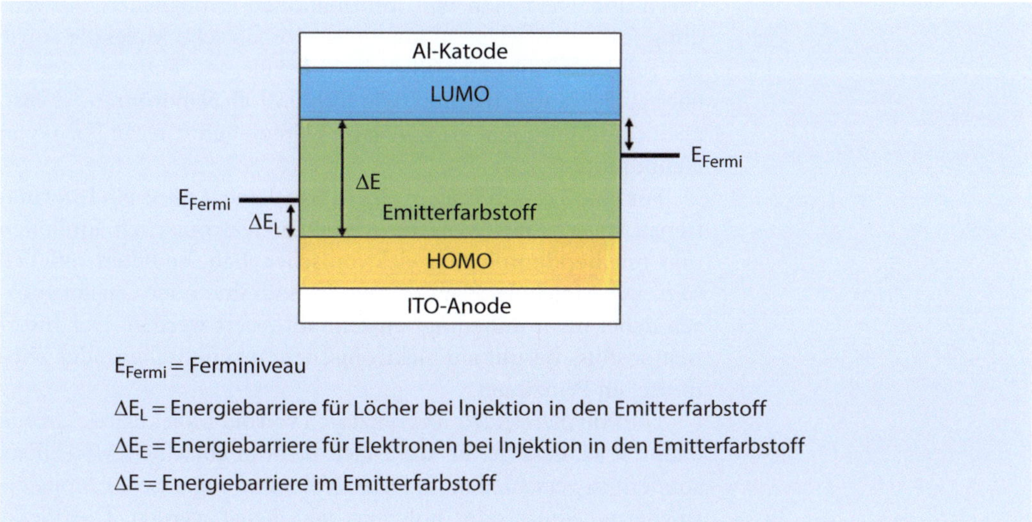

Abb. 2.33 Energiezustände einer im Grünen emittierenden OLED (nach [37])

Schicht zu gelangen, müssen sie die Energiebarriere für Elektronen bei Eintritt in den Emitter überwinden (elektronenleitende Schicht LUMO). Aus der löcherleitenden Schicht (HOMO) entfernen sich Elektronen in Richtung Anode, es entstehen Defektelektronen (Löcher), die notwendig sind für eine Rekombination unter Lichtemission in der OLED-Schicht (organische Emitterschicht). Dafür müssen die Defektelektronen die Energiebarriere für Löcher bei Injetktion in den Emitter überwinden.

OLEDs sind gegenüber Feuchtigkeit und Sauerstoff äußerst empfindlich und müssen hermetisiert werden. Ihre Herstellung erfolgt unter Reinraumbedingungen, vergleichbar denen in der Halbleiterindustrie.

2.3.3 Molekularelektronik

Als eine Weiterentwicklung der Mikroelektronik beinhaltet die Molekularelektronik die Nutzung der atomaren Wechselwirkungen in ► Molekülen in Bauelementen der Elektronik. Die direkte Manipulation einzelner Moleküle sowie die Nutzung ihrer Selbstorganisationsmechanismen ermöglichen den Bau molekularer Schaltelemente höherer Speicherdichte im Vergleich zu denen auf Si-Basis. Ziel ist der Einsatz einzelner Molekülbausteine in nanokleinen elektronischen Schaltungen.

Demzufolge fasst man unter Molekularelektronik Vorgänge und eingesetzte Werkstoffe zusammen, die als Einzelmolekül (monomolekulare Elektronik) oder im Verbund (makroskopische Molekularelektronik) die Verarbeitung, das Weiterleiten, Speichern und Darstellen von Informationen ermöglichen. Anwendung finden vorwiegend konjugierte organische Moleküle sowie auf Kohlenstoffbasis beruhende Moleküle wie Fullerene (⇨ 1), aber auch Nanostrukturen, wie Kohlenstoff-Nanoröhren, ebenso auch eindimensional kristallisierte Elementhalbleiter in Form von Nanodrähten.

Für eine Verwendung in einem Bauelement muss ein Informationsaustausch mit weiteren molekularelektronischen Einheiten und mit herkömmlichen elektronischen Bauelementen möglich sein. Die Moleküle, Nanoröhren, Nanodrähte oder Cluster müssen dabei nicht unbedingt einzeln adressiert werden. Der Informationsfluss beruht auf elektronischen, magnetischen oder photonischen Prinzipien.

Die Polymerelektronik grenzt sich von der Molekularelektronik dadurch ab, dass bei ihr die Daten nicht in einzelnen Molekülen, sondern in verschieden dotierten Volumina organischer Moleküle (niedermolekular oder polymer) verarbeitet werden. Die Werkstoffe sind leitfähige Polymere und organische Halbleiter [38].

Der Molekularelektronik wird gegenwärtig bei der hochintegrierten Elektronik ein hohes Potenzial eingeräumt, mittlere Chancen bei der Optoelektronik, energiesparenden Elektronik, nicht-flüchtigen Speichern und der Low-Cost-Elektronik. Anwendungen aus dem Gebiet der Molekularelektronik sollen die Bedeutung organischer Moleküle für die Elektronik verdeutlichen [39].

■ Molekulare Drähte

Eine Reihe von Polymeren mit konjugierten π-Elektronensystemen (⇨ 12) sind in der Lage delokalisierte Elektronen auf molekularer

Basis von einem Ende des Fadenmoleküls zum anderen fließen zu lassen, vergleichbar mit einem Metalldraht. Solche Stoffe sind die bekannten Leitpolymere, wie Polythiophen, Polypyrrol, Polyparaphenylen, Polyanilin, trans-Polyacetylen (dotiert) u. a., darüber hinaus aber auch die Kohlenstoffnanotubes. Eine Nanoröhre (englisch Nanotube) ist ein länglicher Hohlkörper mit einem Durchmesser von weniger als 100 Nanometern. Besonders bedeutend und gut untersucht sind Kohlenstoffnanoröhren (Carbon Nano Tubes kurz CNT). Außerdem bekannt sind auch Nanoröhren aus Bornitrid, Titandioxid, Sulfiden (Molybdän- und Wolframdisulfid, Kupfer(II)-sulfid) und Halogeniden (Nickelchlorid, Cadmiumchlorid, Cadmiumiodid) [40].

Ein einzelnes Fadenmolekül (molekularer Draht) reicht nicht für einen genügenden Stromfluss. Zur Anwendung kommen miteinander verbundene Stapel.

▪ Moleküle als Schalter

In diesen Bauelementen müssen Moleküle reversibel in zwei Zuständen existieren können. Durch eine kurzzeitige Einwirkung, z. B. durch einen Lichtimpuls wird der Bindungszustand im Molekül verändert. So lässt sich das photochrome Molekül Thiophenfulgid, wie ◻ Abb. 2.34 zeigt, durch Licht unterschiedlicher Wellenlänge in zwei verschiedene Bindungszustände mit unterschiedlicher Färbung überführen.

▪ Molekulare Transistoren

Ein sehr dünnes Gate-Dielektrium als selbstorganisierte Monoschicht wurde auf Basis von Alkyl-Trichlorsilan in der Verwendung für einen FET untersucht. Zur Realisierung des Drains eignen sich Polythiophen-, Oligothiophen- und Pentacen- [41] Schichten. Die organischen Schichten können dazu auf verschiedenen Substraten, wie Glas, Metall- und Metallfolien in Form dünner Filme vorliegen. In der Ladungsträgerbeweglichkeit liegen organische Transistoren weit unter denen auf Si-Basis. Sie sind darum deutlich langsamer in ihrer Funktion.

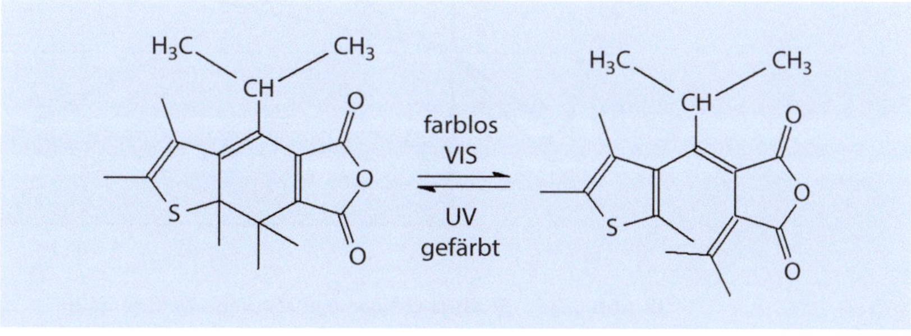

◻ **Abb. 2.34** Schaltzustände des Moleküls Isopropylthiophenfulgid

2

2.3.4 Lichtwellenleiter

Ein Lichtleiter ermöglicht die Fortleitung von Lichtwellen in einem Medium. Die Signalübertragung in der Lichtwellenleitertechnik (LWL) nutzt die Totalreflexion in Fasern aus Kunststoff, Glas oder einer Kombination von Glas und Kunststoff. In Lichtleitkabeln (LLK) sind einzelne Lichtleiter zu Kabel und Leitungen zur Übertragung von Licht gebündelt. An der Stirn- und Endflächen sind entsprechende Verbindungselemente erforderlich.

Grenzen zwei Stoffe mit unterschiedlichen Brechzahlen n_1 und n_2 aneinander, und trifft ein Lichtstrahl auf diese Grenzfläche, dann wird er gebrochen, wie ◘ Abb. 2.35 zeigt.

Beim Übergang des Lichtstrahls vom optisch dichteren in das optisch dünnere Medium erfolgt die Brechung weg vom Einfallslot, d. h. der Winkel gegen die Grenzfläche wird kleiner. Überschreitet der Einfallswinkel einen bestimmten Wert, tritt Totalreflexion an der Grenze zwischen den beiden Medien Faserkern und Fasermantel ein. Am Fasereingang besteht ein Lichtimpuls aus verschieden steilen Strahlen, man spricht von unterschiedlichen Moden. Je nach Winkel tritt im LWL unterschiedlich oft Totalreflexion ein. Die unterschiedlichen Moden kommen zeitlich versetzt am Ausgang an, das Signal wird unscharf. Zur Lösung dieses Problems wurden die Gradientenfasern entwickelt. Es lassen sich Gradientenfasern herstellen, die bei einer Laufzeit von 5 μs km^{-1} Faserlänge minimale Laufzeitunterschiede von +/– 1 ns haben [43].

Während der Ausbreitung des Lichtimpulses im LWL wird seine Energie W in Abhängigkeit von der Wellenlänge λ unterschiedlich stark abgeschwächt, er erfährt eine optische Dämpfung. Je geringer die Dämpfung, umso größer kann die Übertragungs-

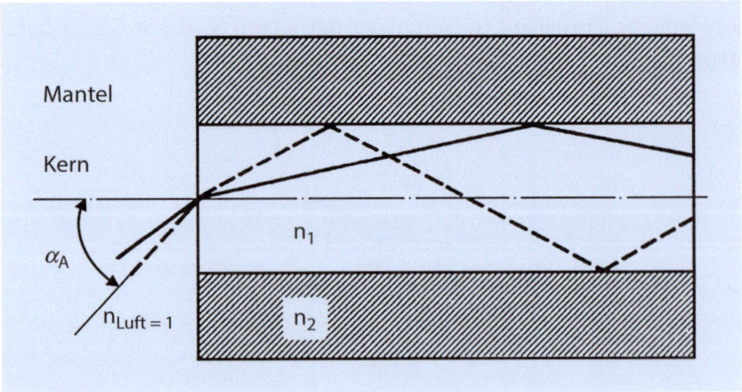

◘ **Abb. 2.35** Strahlengang in einer Stufenprofilfaser [42]

trecke sein. Das Ausmaß der Dämpfung hängt im Wesentlichen vom Werkstoff ab. Sie resultiert aus drei Anteilen:

- Streuung (Rayleigh-Streuung) α_S,
- Absorption α_A und
- Strahlungsverluste α_V.

Es ergibt sich die Frage, in wie weit lässt sich durch Werkstoffauswahl und Technologie der Dämpfungskoeffizient $\alpha = \alpha_S + \alpha_A + \alpha_V$ möglichst gering halten.

Verluste entstehen durch Inhomogenitäten, wie z. B. Dichte- oder Konzentrationsunterschiede, sowie Mikrokristallinitäten im ansonsten amorphen Grundmaterial. Quarzglas ist zwar amorph, besitzt aber atomare Nahordnungsbereiche. Kunstoffen, wie PMMA, PS und PC eignen sich als Werkstoffe für LWL, da sie amorph sind [44].

Ein Absorptionsverlust ergibt sich durch solche Verunreinigungen, die im sichtbaren Gebiet absorbieren. Bei Glasfasern sind das besonders die OH-Gruppen der Wassermoleküle, deren Absorption bei etwa 2700 nm liegt. Die Adsorption von Wasser an der Glasfaser führt dadurch zur Erhöhung der Dämpfung. Strahlungsverluste entstehen durch Krümmung des LWL, Abweichungen vom Faserdurchmesser sowie Störungen an der Kern-Mantel-Grenzfläche [33, S. 309]. Auf Grund der physikalischen und chemischen Voraussetzungen für LWL-Werkstoffe eignen sich einerseits hochreines, bzw. dotiertes Quarzglas und andererseits amorphe thermoplastische Kunststoffe.

Will man verlustarm übertragen, muss das eingestrahlte Licht mit seiner Wellenlänge im Gebiet eines der optischen Fenster des eingesetzten Werkstoffes liegen. Quarzglas weist drei optische Fenster auf, bei 850 nm, 1300 nm und 1500 nm. Als Sender lassen sich deshalb LED auf Basis von GaAlAs mit einer Emission bei ca. 900 nm einsetzen. Für die Nutzung des zweiten und dritten optischen Fensters kommt GaInAsP zur Anwendung. Die Kunststoff-LWL haben zwei optische Fenster bei 660 nm und 780 nm. Geeignete Sender sind LED auf Basis von GaAsP und AlInGaP mit einer Wellenlänge von 650 nm. Das eigentliche Wirkelement der LWL, bestehend aus Kern und Mantel, ist praktisch so nicht verwendbar. Erst durch eine Hülle erfährt der LWL einen Schutz vor mechanischer und chemischer Zerstörung. Durch eine einfache Umhüllung mit Kunststoff entsteht die Simplexader. Versieht man sie mit Zugentlastungselementen, z. B. aus speziellen Aramidgarnen, entsteht das Simplexkabel. Kabel mit mehreren Simplexadern, einer Zugentlastung und zusätzlichen Kupferleitern lassen sich zu Hybridkabeln verseilen, wie ◘ Abb. 2.36 zeigt. Um in knapper Form dem Anwender Angaben zur Konstruktion und

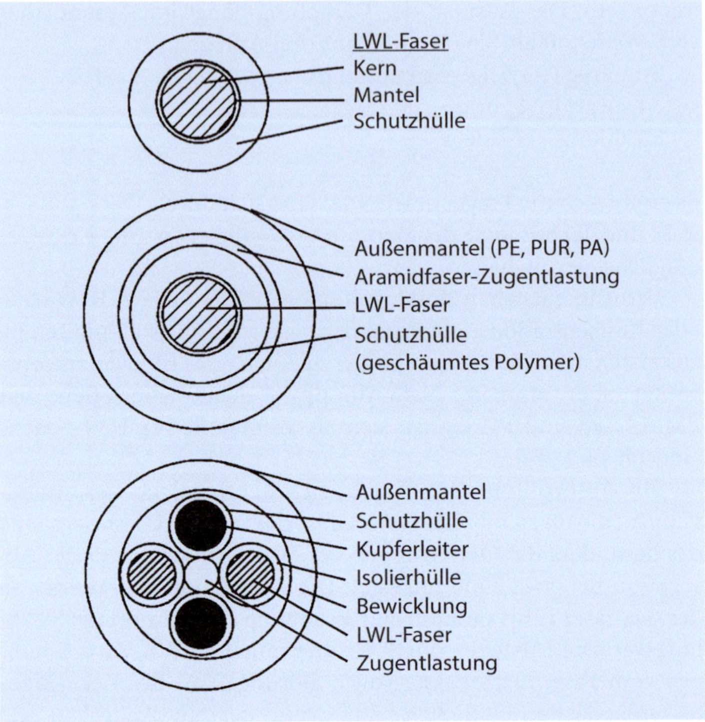

Abb. 2.36 LWL-Kabel, 1 = Simplex-Ader, 2 = Simplex-Kabel, 3 = Hybrid-Kabel [45]

den Eigenschaften des LWL zu vermitteln, sind genormte Kurzzeichen in Anlehnung an DIN VDE 0888, Teil 4 gebräuchlich.

Beispiele für den Einsatz von LWL mit wesentlichen Verwendungsdaten enthält Tab. 2.11.

Die Vorteile der LWL gegenüber metallischen Leitern ergeben sich im Wesentlichen aus der Tatsache, dass Photonen als Träger der Informationen keine elektrische Ladung besitzen. Daraus resultieren:

- Die elektromagnetische Verträglichkeit (EMV),
- die galvanische Trennung,
- die Abhörsicherheit,
- kein Risiko in explosionsgefährdeter Umgebung,
- geringere Masse und
- erhöhte Korrosionsbeständigkeit [46].

Gegenwärtig entwickelt sich die Lichtleitertechnik zur generellen Übertragungstechnik für alle Arten von Informationen. Ebenfalls von Bedeutung ist die Leitung von Licht zur Energieübertragung, wie z. B. für Beleuchtungszwecke oder Nutzung von Leistungslasern bei mikrochirurgischen Eingriffen.

Tab. 2.11 Einsatzbeispiele verschiedener LWL

Faserkern-durchm. in µm	Einsatzbeispiele	typische Entfernung in km	typische Datenraten Mbit·s-1
9	Telekommunikation	>10	1–1000
50–200	lokale Netze, Industrienetze	2–4	100–155
980	Netze in Gebäuden, in Erzeugnissen	bis 0,1	< 40

2.3.5 Kernaussagen

In der Informationstechnik geht der Trend in der Werkstoffentwicklung hin zum Einsatz organischer Werkstoffe, wobei die Größe der Funktionselemente über Nanostrukturen bis hin zu einzelnen Molekülen reicht. Eine typisches Beispiel hierfür ist die Substitution der LEDs auf Basis anorganischer $A^{III}B^{V}$-Verbindungen durch organische LEDs (OLED) und die Entwicklung der Molekularelektronik.

Bei den anorganischen Werkstoffen besitzen die Oxide des Yttriums und Lanthans ebenso wie die der seltenen Erden z. B. Cer, Terbium und Europium für Anzeigen grundlegende Bedeutung.

Zur Übertragung der vorhandenen Daten in kabelgebundenen Netzen dienen Lichtwellenleiter auf Basis von Glas, Kunststoffen und der Kombination beider.

2.4 Fertigungstechnik

Aus der Einteilung der Verfahren in der Fertigungstechnik nach DIN 8580: 2003–09 ergeben sich die sechs Hauptgruppen Urformen, Umformen, Trennen, Fügen, Beschichten und Stoffeigenschaftsändern.

Im Weiteren sollen aktuelle Werkstoffe für das Trennen, Beschichten, Fügen und für die additive Fertigung Behandlung finden.

Fertigungsverfahren, bei denen vom Werkstück etwas abgetrennt wird nennt man Trennen. Die einzelnen Trennverfahren sind:

1. Zerteilen (DIN 8588): Trennen von Werkstoffteilen ohne Erzeugung von formlosem Stoff auf mechanischen Weg, z. B. das Scherschneiden.
2. Spanen ist die wichtigste Gruppe des Trennens. Man unterscheidet das Spanen mit geometrisch bestimmter Schneide (Schneidstoff), wie Drehen, Fräsen, Bohren, und das Spanen mit geometrisch unbestimmter Schneide (Schleifmittel), speziell das Schleifen.

2

Ebenfalls zu den Trennverfahren rechnet man:
- Abtragen (DIN 8590): Entfernen von Material auf nicht mechanischem Weg, Dazu zählen das Brennschneiden, das Plasma-Schmelzschneiden, das Funkenerodieren und weitere.
- Zerlegen (DIN 8591)
- Reinigen (DIN 8592)

Zur Herstellung funktioneller Schichten kommen chemische und physikalische Abscheidungsverfahren zur Anwendung, ebenso wie Verfahren und Methoden zur Oberflächenumwandlung mit den Zielen der Verbesserung bzw. Optimierung von:
- Korrosionsschutz
- Verschleißverhalten
- Leitfähigkeitsverhalten (elektrisch, thermisch)
- Optisches Verhalten
- Dekoration und Ästhetik
- Benetzbarkeit
- Biochemische Aktivität
- Spezielle Topografie

⇨Glossar: (13) **Verfestigungsmechanismen von Klebern**

Neben den mechanischen und thermischen Verfahren gewinnen Fügeverfahren mit geringer thermischer Belastung als innovative Techniken, wie das Kleben, zunehmend an Bedeutung für faserverstärkte Kunststoffe, aber auch für das Verbinden von Aluminium-Blechteilen. Klebtechniken bieten die Möglichkeit, unterschiedliche Werkstoffe und dünnwandige Strukturen zu fügen. Für die sichere Anwendung der Klebtechnik ist nicht nur die Kenntnis der chemischen und physikalischen Eigenschaften des Klebers erforderlich, sondern ebenso die der zu verbindenden Werkstoffe, wie ◘ Abb. 2.37 zeigt.

Das gemeinsame Merkmal der Additivtechniken besteht darin, dass der das Produkt bildende Werkstoff aufgetragen wird. Additive Fertigung steht als Oberbegriff für Verfahren zur Fertigung von Modellen, Mustern, Prototypen, Werkzeugen und Endprodukten. Fertigungsmethoden sind Stereolithografie, selektives Laserschmelzen, bzw. Lasersintern, Fused Deposition Modeling (FDM), Laminated Object Modelling (LOM) und 3D Printing.

2.4.1 Werkstoffe zum Trennen

Die herausragenden Eigenschaften von Werkstoffen zum Trennen (auch als Schneidwerkstoffe bezeichnet) sind Härte und Verschleißverhalten. Eine schematische Gegenüberstellung der Werkstoffe dieser Gruppe hinsichtlich ihrer Gebrauchseigenschaften in Hinblick auf einen idealen Schneidstoff zeigt ◘ Abb. 2.38.

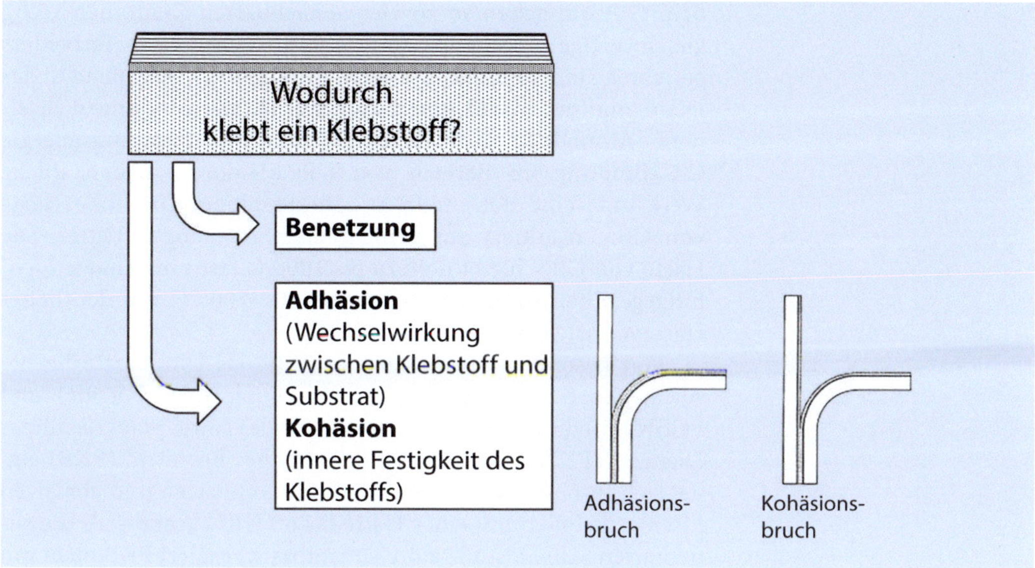

Abb. 2.37 Klebstoffeigenschaften

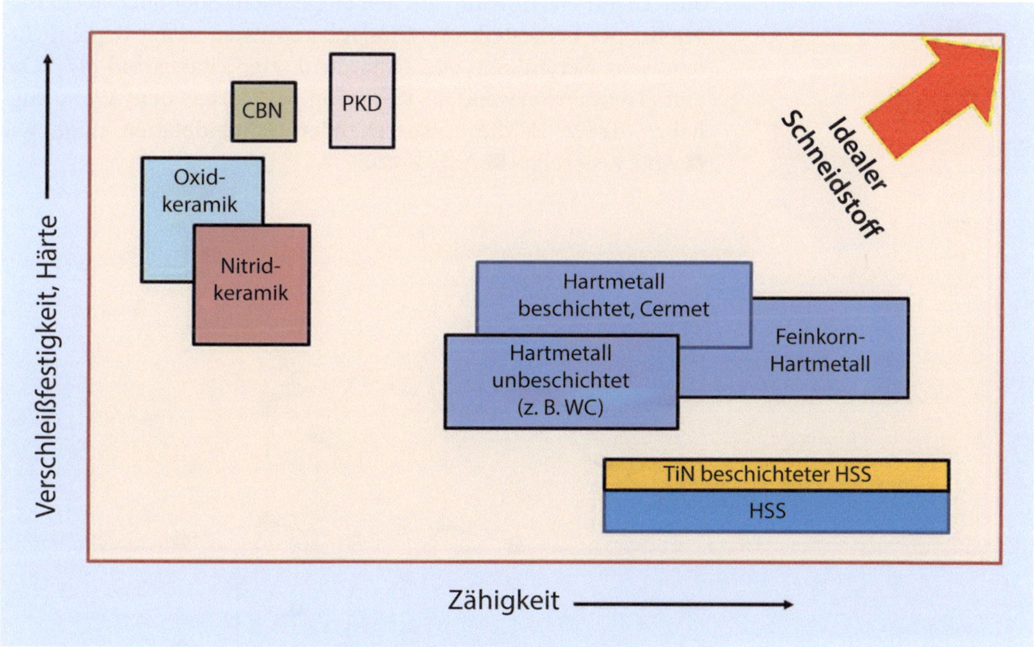

Abb. 2.38 Eigenschaften von Werkstoffen zum Trennen

Dieses Verhalten resultiert hauptsächlich aus dem Bindungszustand und der Struktur. Im bindenden Zustand kann jedes der vier einzeln besetzten Orbitale des C-Atoms mit jeweils einem benachbarten Orbital eines anderen C-Atoms überlappen. Von jedem C-Atom gehen so zu vier benachbarten C-Atomen völlig gleichwertige Bindungen aus, die in die Ecken eines Tetraeders gerichtet sind (Atombindungen, Atomgitter). Es entsteht das Diamantgitter, wie ◘ Abb. 2.39 zeigt. Da die Bindungen in einem Atomgitter sehr stabil sind (hohe Bindungsenergie C-C-Bindung im Bereich von 800 $kJ \cdot mol^{-1}$), haben solche Werkstoffe eine hohe mechanische Stabilität. Die hohe Härte von CBN resultiert aus seinem diamantanalogen Gitter. Die Härte von CBN bleibt nahezu bis 1000 C fast unverändert, wohingegen beim Diamant schon bei ca. 700 °C ein deutlicher Härteverlust eintritt.

Von besonderer Bedeutung sind die als Ultrahartstoffe bezeichneten Schneidwerkstoffe CBN (Cubic Boro Nitride) und PCBN (Polykristalline Cubic Boro Nitride) sowie polykristalliner Diamant (PKD). Polykristallines kubisches Bornitrid (PKB) eignet sich insbesondere zur Bearbeitung von harten und abrasiven Eisenwerkstoffen mit einer Härte bis 68 HRC. Anders als die superharten Schneidstoffe auf Diamantbasis, reagiert PKB nicht mit Eisen und besitzt eine Warmbeständigkeit bis 2000 °C. PKB wird als bis zu 1,5 mm dicke Schicht durch Hochdruck-Flüssigphasen-Sintern auf Hartmetallplättchen aufgebracht oder auch als massiver Körper hergestellt. Als Bindephase dienen in der Regel nichtoxidische Keramiken, wie Titannitrid oder Titancarbid [47]. Das zum Trennen verwendete Werkzeug besteht aus dem Werkzeughalter, der z. B. die entsprechenden Schneidplatten trägt, wie ◘ Abb. 2.39 zeigt (◘ Abb. 2.40).

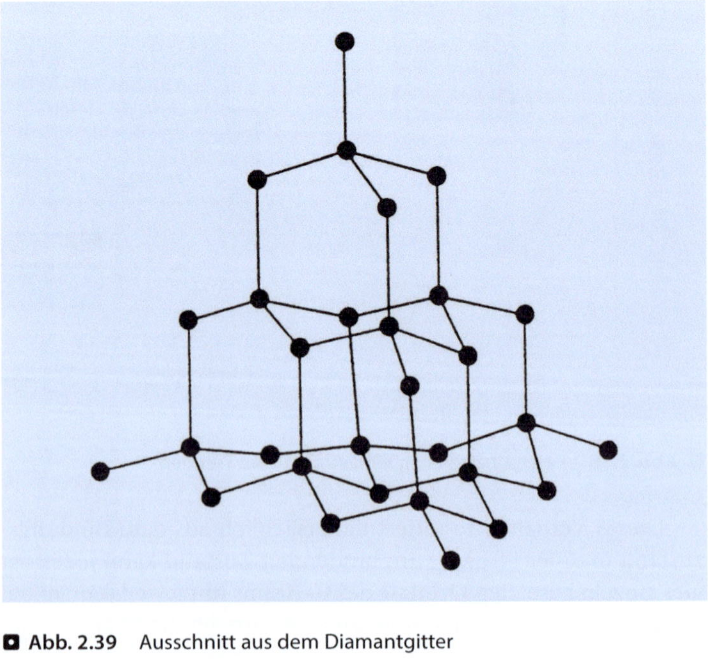

◘ **Abb. 2.39** Ausschnitt aus dem Diamantgitter

Abb. 2.40 Werkzeughalter und Schneidplatten aus verschiedenen Schneidwerkstoffen 1 = MKD, 2 = Hartmetall mit TiN-Beschichtung, 3 = Schneidkeramik (Al_2O_3), 4 = Schneidkeramik (Si_3N_4). 5 = CBN (Foto HSM, Hofmann)

Anzumerken ist der wesentliche Vorteil des CBN gegenüber PKD, dass es für die Bearbeitung von karbidbildenden Metallen, z. B. Stählen, eingesetzt werden kann. Beide sind die härtesten bekannten Werkstoffe mit einer Vickershärte von ca. 4000 für PCBN und ca. 6000 für PKD, deshalb lassen sich mit diesen ultraharten Schneidwerkstoffen die anderen Schneidwerkstoffe wie Al_2O_3 und Si_3N_4 bearbeiten.

Die größte Härte aller Stoffe weist der *monokristalline Diamant* (MKD, Naturdiamant) auf und wird meist für die Feinstbearbeitung eingesetzt. Einkristalle (Monokristalle) sind anisotrop und damit besitzen sie richtungsabhängige Festigkeitswerte. In solchen Werkzeugen müssen die Diamanten in Richtung der maximalen Schnittkraft eingebaut sein. Diamantbestückte Werkzeuge eignen sich zur Bearbeitung von Nichteisenmetallen und deren Legierungen, Faserverbund-Kunststoffen, gefüllte Kunststoffen ohne abrasive Anteile, Gummi, vorgesinterten Hartmetallen, Glas und Keramik [48].

Eine Hartmetallunterlage trägt den *polykristallinen Diamant (PKD)* als Schneidstoff. Auf einen Werkzeugträger mit einer dünnen aufgesinterten Metallschicht wird nachfolgend eine 0,5 bis 1,5 mm dicke Schicht aus synthetischem Diamantpulver ebenfalls aufgesintert. Aufgrund der unterschiedlichen Orientierung der einzelnen Kristallite liegt ein quaisotropes Gefüge vor, damit sind

2

die Festigkeitseigenschaften richtungsunabhängig. Die erzielbaren Schnittgeschwindigkeiten liegen zwar niedriger als bei MKD, jedoch können die Vorschubgeschwindigkeit um das Zehnfache erhöht werden. Der Einsatz von PKD bringt gegenüber MKD eine Standzeiterhöhung um den Faktor 100 [49].

2.4.2 Neue Werkstoffe in der Beschichtungs- und Oberflächentechnik

Durch eine Funktionalisierung von Oberflächen und Schichten erhöht sich die Anwendbarkeit von Erzeugnissen indem neue Materialien mit Eigenschaften zum Einsatz gelangen, die zur Verbesserung von Effizienz und Langlebigkeit führen. Zur Funktionalisierung von Oberflächen und Schichten bedarf es darüber hinaus hochpräziser Werkzeuge zur Strukturierung. Hierfür bietet die Photonik vielfältige Möglichkeiten bis in den Nanometerbereich, z. B. Strukturierung mit dem Ultrakurzpulslaser oder plasmabasierte Hybridprozesse.

Schichtwerkstoffe in der PVD-Dünnschichttechnik sind Reinmetalle, Legierungen, Oxide und Cermets für die unterschiedlichsten Anwendungsbereiche. Sputtern, Vakuumlichtbogenverdampfen (Arc-PVD) und Aufdampfen sind dabei die bevorzugten Verfahren. Für den Verschleißschutz zur Erhöhung der Standzeiten von Werkzeugen erfolgt die Abscheidung von Sputterschichten auf Basis von Aluminium-Titan- und Aluminium-Chrom-Legierungen sowie reinem Chrom. Für optischen Zwecke kommen PVD-Schichtsysteme, z. B. aus Hafniumoxid, Zirkonoxid oder auch Tantaloxid bei Laserspiegeln, Farbfiltern, Spezialfiltern und hochwertigen Schichtsystemen in Geräten der Augenheilkunde zum Einsatz [50].

Der chemischen Korrosion (Oxidation) durch Heissgas von Triebwerksteilen kann durch Oberflächenbehandlung vorgebeugt werden. Zum Schutz der Schaufelwerkstoffe kommen MCrAlY-Schichten (Legierungen aus Ni oder Co mit Chrom, Aluminium und Yttrium) als Beschichtung zur Anwendung. Das Aufbringen erfolgt durch Plasmaspritzverfahren oder Elektronenstrahlverdampfen („Electron Beam Physical Vapour Deposition", EBPVD) auf die Schaufeloberflächen.

Für die Abscheidung von Funktionsschichten auf Architekturglas, Automobilglas oder in der Photovoltaik als Antireflexionsschichten eignen sich besonders Titanoxid, Silizium, Zinkoxid/Aluminiumoxid oder Chrom. Die Besonderheit dieser Schichten besteht darin, dass sie im IR-Bereich reflektieren, wodurch sich beispielsweise die Erwärmung im Innenraum vermindert, andererseits werden die Glasscheiben mit diesen Schichten versehen, die das Verhältnis von transmittiertem zu reflektiertem Licht erhöhen. Auf diese Weise verbessert sich die Sichtbarkeit vom Innenraum nach außen [51].

2.4.3 Werkstoffe und Verfahren in der Fügetechnik

Vor allem unter dem Aspekt der geringen thermischen und mechanischen Belastung der Fügeteile gewinnt das Kleben besonders in der Fahrzeugtechnik an Bedeutung. Die Vorteile und Grenzen der Klebetechnik sind in ◘ Tab. 2.12 zusammengefasst.

In der DIN EN 923 wird der Begriff „Klebstoff" wie folgt definiert: Ein Klebstoff ist ein nichtmetallischer, *bevorzugt organischer*, Werkstoff, der Fügeteile durch Adhäsion (Oberflächenhaftung) und Kohäsion (innere Festigkeit) miteinander verbindet. Zum überwiegenden Teil sind die den Klebstoff bildendenden höhermolekularen Stoffe synthetischer Natur. Jedoch gibt es auch Kleber auf natürlicher Basis von Proteinen (Casein, Glutin), Kohlenhydraten (Stärke oder Cellulose), Harzen, Tannin, Lignin, etc.

Die Verfestigung des Klebers erfolgt nach zwei prinzipiellen Mechanismen, wie ◘ Tab. 2.13 zu entnehmen ist.

Eine andere Applikationsform bilden die mit Klebstoffen vorbeschichteten Materialien, wie Klebebänder, Selbstklebe-Etiketten, Siegelfolien und Briefmarken.

Kleben ist eine materialschonende Verbindungstechnik und fügt nahezu alle unterschiedlichsten Materialien schonend, hochfest und dauerhaft zusammen. Automobil-, Luftfahrt-, Schienenfahrzeug- und Schiffbauindustrie oder im Lebensmittel-, Medizin-, Hygiene- und Elektronikbereich – zwischenzeitlich wird in allen industriellen Branchen geklebt (➪ 13).

◘ **Tab. 2.12** Vorteile und Grenzen der Klebtechnik [52]

Vorteile	Nachteile
Geringe Wärmebelastung der Fügeteile während des Klebens, kein Wärmeverzug	Alterungsprozess (je nach Kleber)
Gewichtsersparnis	Temperaturbegrenzter Einsatz
Verbindung unterschiedlicher Werkstoffe	Aushärtezeit
Keine Kontaktkorrosion	Viele Klebstoffe enthalten Gefahrstoffe
Keine mechanische Schädigung der Oberfläche	Spezielle Vorbehandlung der Oberflächen
Gleichmäßige Spanungsverteilung	Spezielle Kontrollverfahren erforderlich
Bessere Schwingungsdämpfung	
Geringerer Aufwand für Handhabungstechnik	

Tab. 2.13 Übersicht zu Klebstoffen nach dem Verfestigungsmechanismus

Grundkomponenten für chemisch härtende Klebstoffe	**Physikalisch härtende Klebstoffe**
Epoxide (1K und 2K-Kleber) Polyurethane Phenol-Formaldehyd-Harze Ungesättigte Polyester	Schmelzklebstoffe
	Trocknende Klebstoffe • Lösemittelbasierte Klebstoffe, z. B. lösemittelhaltiger Nassklebstoff • Wasserbasierte Klebstoffe • Dispersionsklebstoffe, z. B. Latex • Kolloidale Systeme, z. B. Tapetenkleister • Kontaktklebstoffe
heißhärtende Kautschuke	Gelbildende Klebstoffe • Plastisole (PVC mit hohem Weichmacheranteil)
Polyimide und Polysulfide	
Cyanacrylate (Sekundenklebstoffe)	
Strahlenhärtbare Klebstoffe z. B. Methylmethacrylat-Klebstoffe (MMA-Klebstoffe)	
Anaerob härtende Klebstoffe	

Weitere Entwicklungsziele für die Klebtechnik sind vor allem das Entkleben auf Knopfdruck („Debonding on Command"), lösungsmittelfreie Klebstoffsysteme und Verfahren zur Verkürzung der Übergangszeit aus der flüssigen in die feste Phase.

So kann durch Zumischung von ferrimagnetischen Partikeln zum Kleber in einem hochfrequenten Magnetfeld die notwendige Wärme zum Vernetzen erzeugt werden. Die Ferritpartikel sind in Nanopartikel aus SiO_2 eingebettet. Das Lösen derartiger Klebverbindungen erfolgt ebenfalls durch Anlegen eines Magnetfeldes, aber mit höherer Intensität [53]. Eine andere Lösung bietet das IFAM des Fraunhofer-Instituts an. Ein mit Schmelzklebstoff auf Basis Polyamid verklebtes Werkstück lässt sich durch Erwärmen auf etwa 65 °C und gleichzeitigem Anlegen einer Gleichspanung von 48 V entkleben.

Ebenfalls von Bedeutung ist die Entwicklung vorapplizierbarer Klebstoffe Zeitlich und räumlich getrennt erfolgt das Aufbringen des Klebstoffes (tackfrei, d. h. auf nicht klebrige Oberfläche) auf die Fügeteile, bevor die Fügeverbindung durch z. B. äußere Wärmezufuhr entsteht. Dabei geht es darum, den Klebstoffauftrag und den eigentlichen Klebvorgang zeitlich zu entkoppeln [54]

Interessant erscheinen auch Arbeiten zur Entwicklung bionischer Klebelösungen, wobei die Klebefuge in der Größenordnung von 0,1 µm liegt. Versuche gehen dahin, die in der Natur von Pflanze und Tier gebildeten Klebstoffe zu isolieren, bzw. zu synthetisieren.

2.4.4 Werkstoffe für die additive Fertigung

Das Unternehmen „3d solutions Rapid Prototyping OG" nennt eine Reihe von Verfahren als Grundlage für das Rapid Prototyping [55]. Es eignet sich für die Herstellung von Prototypen als Anschauungs- und Funktionsmuster, zunehmend aber auch für die Serienfertigung. Polymerisation, Verkleben oder Verschmelzen sind die Basisvorgänge für Rapid Prototyping-Verfahren.

Additive Verfahren in der Fertigungstechnik nutzen das Schichtbauprinzip. Auf der Basis von digitalen 3D-Konstruktionsdaten erfolgt das Ablagern von Material. Die erzeugten Einzelschichten werden so Schicht für Schicht aneinandergefügt. Die Prozesse verlaufen computergesteuert [56]. Möglichkeiten für das schichtweise Ablagern sind die Extrusion von Pasten, das Polyjetverfahren und das Fused Deposition Modeling (FDM) zur Erzeugung von Werkstücken. Beim FDM-Verfahren werden Kunststoffe in einem beheizten Druckkopf aufgeschmolzen und als 3D-Druck auf eine Unterlage aufgebracht Einen Druckkopf während des Druckvorganges und das gedruckte Zahnrad zeigt ◘ Abb. 2.41. Hierfür eignen sich Thermoplaste wie Polyethen, Polypropen, ABS, PETG (Polyethenterephthalat, modifiziert mit Glykol) und thermoplastische Elastomere. Durch Zusatz von Keramik- oder Metallpulver zum Thermoplast lassen sich nach dem Druckvorgang durch Pyrolyse des Kunststoffanteils Formelemente aus Keramik oder Metall herstellen.

⇨Glossar: (14) **Verarbeitungseigenschaften von Kunststoffen**

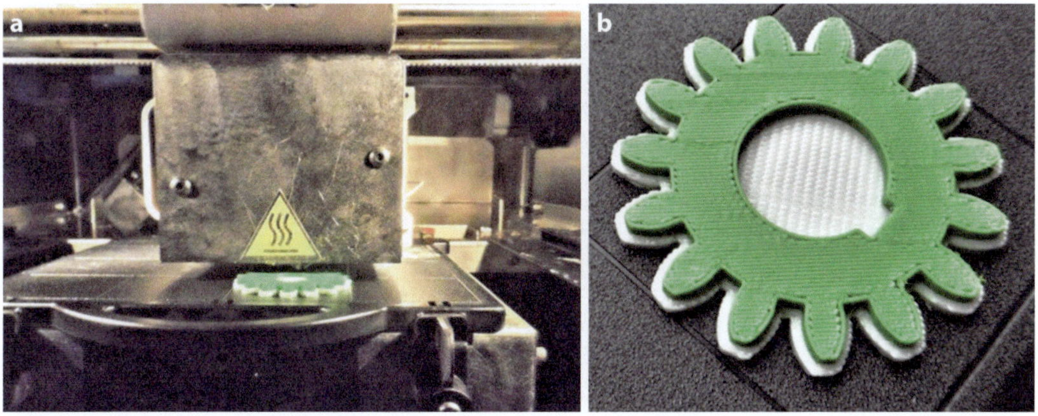

◘ **Abb. 2.41** a = Druckkopf eines 3D-Printers, **b** = gedrucktes Zahnrad (ABS, grün) auf Stützmasse (Fotos HSM, Hofmann)

Eine weitere Möglichkeit in der additiven Fertigung bietet das Lasersintern. Der Unterschied zu anderen Techniken besteht darin, dass z. B. kein Binder erforderlich ist. Auch hochschmelzende Metalle und Keramiken lassen sich auf diese Weise zu Bauteilen verarbeiten. Keramische Werkstoffe für das Lasersintern sind Oxide, wie Al_2O_3, SiO_2, TiO_2 und ZrO_2, als Metalle kommen Aluminium, eutektische Legierungen, Stähle und Inconel 718 in Frage.

2.4.5 Kernaussagen

Die Basis für Schneidwerkstoffe bilden heute Ultrahartstoffe, wie CBN und PKD, die das Diamantgitter besitzen.

Mit Hilfe der Beschichtungstechnik lässt sich die Werkstückoberfläche so modifizieren, dass sich definierte mechanische, optische, elektrische und chemische Eigenschaften ergeben, die das Grundmaterial so nicht aufweisen würde. Oft ist eine Strukturierung von Schichten für spezielle Anwendungen erforderlich.

In der Fertigungstechnik gewinnt das Kleben, besonders in der Fahrzeugtechnik, an Bedeutung. Kleber sind komplizierte organische Mehrkomponentensysteme. Große Vorteile bringt die Anwendung vorapplizierter Kleber in der Serienfertigung.

Beim Prozess der Additiven Fertigung erfolgt an Hand von 3D-Konstruktionsdaten der schichtweise Aufbau eines Bauteiles. Damit ist ein professionelles Fertigungsverfahren entstanden, das sich von abtragenden Verfahren unterscheidet, wobei die Werkstoffe (Metalle, Kunststoffe und Verbundwerkstoffe) vorwiegend in Pulver- oder Drahtform vorliegen.

2.5 Transport- und Verkehrstechnik

Entsprechend der Bedeutung dieses Zweiges der Volkswirtschaft soll der Darstellung der aktuellen Werkstoffsituation besondere Aufmerksamkeit zukommen. Die Entwicklung neuer Werkstoffe und Fertigungsverfahren auf dem Gebiet der Transport- und Verkehrstechnik, insbesondere im Automobilbau, der Luft-und Raumfahrt, im Schienenfahrzeug-und Schiffbau ist gekennzeichnet durch:

- Massereduzierung
- Energieeffizienz
- Erhöhte thermische Belastbarkeit und
- Kosteneinsparung.

Erreichbar ist das durch die neue Werkstoffgruppe Verbundwerkstoffe, Einsatz von Leichtmetalllegierungen, Metallschäumen, modifizierten keramischen Werkstoffen, der Festigkeitssteigerung von Stählen, der Entwicklung neuer Kleber und Klebetechnologien, sowie durch die Recyclierbarkeit von Werkstoffen.

2.5.1 Automobilbau

Für alle Fahrzeugklassen besteht die Aufgabe in der Massereduzierung, ohne dabei die Sicherheit und den Komfort zu mindern und die Kosten zu erhöhen, mit dem Hauptziel der Reduktion von Treibhausgasemissionen und gleichzeitiger Senkung des Ressourcenverbrauchs. Eine Gewichtseinsparung von 100 kg bewirken je nach Fahrzeugtyp bis zu 0,5 Liter weniger Vergaserkraftstoff auf 100 Kilometern, umgerechnet auf einen gefahrenen Kilometer bedeutet das etwa zwölf Gramm weniger CO_2. Das Gesamtgewicht eines Pkw resultiert aus Karosserie (ca. 40 %), Fahrwerk (ca. 25 %), Antrieb und Ausstattung (je 15 %) und die Elektronik (ca. 6 %). Beim Bestreben, das Gesamtgewicht zu reduzieren, sind alle genannten Bereiche einbezogen. Im Karosserie- und Fahrwerkbau bietet ein Materialmix aus Leichtmetalllegierungen auf Basis von Aluminium und Magnesium, Kunststoffen und hochfesten Stählen Lösungsansätze. Einer ausschließlichen Gewichtsreduzierung wirken Komfort-, Sicherheits- und Kostenanforderungen entgegen. Der Einstieg in die Elektromobilität wird gegenwärtig weltweit vorangetrieben. Geeignete Energiespeicher und die Umstellung der Energieversorgung auf erneuerbare Energien sind weitere Ziele.

2.5.1.1 Leichtmetalllegierungen

- **Basis Aluminium**

Durch Substitution von Stahl durch Aluminiumlegierungen lassen sich Gewichtseinsparungen von etwa 50 % erzielen. Wenn es 1990 noch etwa 50 kg waren, sind es gegenwärtig ca.140 kg und bis zum Jahr 2020 erwartet man, dass sich dieser Anteil auf 160 kg erhöht. Voraussetzung dafür ist die Weiterentwicklung hochfester aushärtbarer Aluminiumknetlegierungenmit den Legierungselementen Zn, Mg und Cu mit Zugfestigkeiten von bis zu 700 MPa, die sich zu Blechen verarbeiten lassen.

⇨Glossar: (15) **Aushärten**

Tailored Blanks (s.u.) bestehen typischerweise aus Stahlblech. In der Entwicklung befinden sich Tailor Welded Blanks auf Basis von Aluminium- und Hybridblanks. Hierbei werden Aluminiumbleche mittlerweile durch Rührreibschweißen verbunden.

Ein anderes Ziel besteht in der Weiterentwicklung warmfester aushärtbarer und vergiessbarer Aluminium-Silizium-Legierungen mit eutektischer Zusammensetzung, bei einem Siliziumgehalt von ca. 11 %. Hauptaspekt dabei ist, dass die Bildung von sehr feinen Sekundärphasen (GP = *Guinier-Preston*-Zonen) durch Ausscheidung erfolgt, die aber bei hohen Einsatztemperaturen nicht vergröbern, da die Diffusion im Gitter eingeschränkt ist (⇨ 15).

Rührreibschweißen: Erzeugung der erforderlichen Wärmeenergie zum Verschweißen durch Rotation eines verschleißfesten Werkzeuges entlang der Schweißnaht (EN ISO 4063)

In Analogie zu anderen metallischen Werkstoffen, wie z. B. Stahl, besteht die Realisierung eines geschlossenen Al-Stoffkreislaufs im Automobilbau in der Etablierung von Demontage- und Sortierprozessen und in der Steuerung der gewünschten Legierungen oder Legierungsvarianten in Abhängigkeit von der Zusammensetzung der Recyclingstoffströme.

Thixomolding:
Urformerfahren für Al- und Mg-Legierungen. Die Legierung wird bis zur Übergangstemperatur fest-flüssig in das Solidus-Liquidus-Zustandsfeld erhitzt.

- **Basis Magnesium**

Seine Häufigkeit und Rezyclierbarkeit sind günstig für den Einsatz. Dennoch werden derzeit durchschnittlich nur fünf bis sechs Kilogramm Magnesium z. B. in einem Pkw verbaut. Wegen noch unzureichend entwickelter werkstoffgerechter Herstellungs- und Verarbeitungsverfahren und dem geringen Elastizitätsmodul sind die Einsatzmöglichkeiten eingeschränkt. Als ein innovatives Spritzgussverfahren für Magnesium, das neue Legierungszusammensetzungen und eine ressourceneffiziente Fertigung ermöglicht, wurde das Thixospritzgießen (auch Thixomolding) entwickelt.

2.5.1.2 Stähle

- **Hochfeste Stähle**

Übergeordnetes Ziel der Entwicklung hochfester Stähle ist die Erhöhung von E-Modul und Streckgrenze unter Beibehaltung einer hohen Bruchdehnung, die die gute Umformbarkeit ermöglicht. Neben dem Gewichtsvorteil bei Anwendung dieser Stähle, im Vergleich zu bisher eingesetzten Stählen, und geringeren Herstellungskosten besitzen sie vorteilhafte Crasheigenschaften gegenüber Leichtmetallen, wie Magnesium, oder Faserverbundkunststoffen mit duromerer Matrix.

- **Dual- und Mehrphasenstähle**

Sie besitzen Zugfestigkeiten bis zu 1000 MPa, aber hinsichtlich ihrer Verformbarkeit sind sie klassischen Tiefziehstählen (Zahlenwert!) deutlich unterlegen, wie ◘ Tab. 2.14 zeigt. Der Einsatz mangan- und borhaltiger Stahlsorten mit analoger Zugfestigkeit, aber höherer Dehnbarkeit bietet eine Lösung. Hierbei handelt es sich um aushärtbare Mehrphasenstähle, die mit anderen Stahlsorten sogenannten Tailored Blanks zusammengesetzt und laserverschweißt sind.

- **Tailored Blank**

Ein Tailored Blank (engl.: *maßgeschneiderte Platine*) ist eine Blechplatine, welche aus Blechen verschiedener Werkstoffgüten und Blechdicken zusammengesetzt ist. Die Werkstoffgüte lässt sich bei metallischen Werkstoffen durch die Verwendung einer Werkstoffnummer gemäß EN 10027-2 charakterisieren. In Abhängigkeit von der Anwendung derartiger Halbzeuge kommen verschiedene Verfahren zu ihrer Herstellung zum Einsatz, wie:

- Tailor Welded Blank:
  Verschweißen der einzelnen Blechplatinen als Stumpfstoß mittels Laserschweißen. Vorteilhaft sind die vielseitigen Materialkombinationen und Geometrien.

■ Tab. 2.14 Vergleich von Tiefziehstählen mit Mehrphasenstählen hinsichtlich Zugfestigkeit und Bruchdehnung

Stahlart	Zugfestigkeit [MPa]	Bruchdehnung [%]
Tiefziehblech	250–400	ca. 30
Mehrphasenstähle	700–1000	10–15

- Tailored Strips (Tailored Coils):
  Kontinuierlich lasergeschweißte Blechbänder. Hiermit ergibt sich die Möglichkeit, Tailored Blanks auch für Folgeverbundwerkzeuge nutzbar zu machen, bzw. mit maßgeschneiderten Bändern rollprofilierte Bauteile zu optimieren.
- Tailor Rolled Blank:
  Einzelne Blechbänder erneut kaltgewalzt.
- Patchwork:
  Kleine Bleche wie Flicken auf eine größere Platine mittels Widerstandspunktschweißen oder Laserstrahlschweißen aufgeschweißt oder mittels Strukturklebstoffen aufgeklebt.
- Tailored Tubes :
  Bauteile in Karosserien, durch Laserschweißungen zusammengefügt und in eine Matrize gelegt, dann mit Flüssigkeit gefüllt und anschließend mit mehreren hundert Megapascal Innendruck an die Form der Matrize gepresst (Innenhochdruckumformen).
- Tailored Orbitals:
  Abgelängte endlos hergestellte Rohre verschiedener Wandstärken, Werkstoffe oder Beschichtungen werden stirnseitig miteinander verschweißt. Dieses Halbzeug wird anschließend zum Beispiel durch Tiefziehen zum gewünschten Bauteil umgeformt [57].

2.5.1.3 Metallschäume

Metallschäume sind poröse metallische Werkstoff als Oberbegriff. Sie weisen eine deutlich geringere Dichte auf als das entsprechende Vollmaterial. Zu unterscheiden sind offenporige und geschlossenporige Schäume. Insbesondere geschlossenporige Aluminiumschäume eignen sich als Leichtbauwerkstoff mit hoher Steifigkeit und Druckfestigkeit und einer Gewichtseinsparung von bis zu 95 % gegenüber herkömmlichen Materialien. Die ■ Abb. 2.42 zeigt einen Sandwichaufbau aus geschäumten Aluminium und Stahlblech.

Zur Herstellung von Metallschäumen finden verschiedene Verfahren, in Abhängigkeit vom Metall Anwendung (siehe Jung, Anne, Diss. Uni. Saarland) [58], wie:

1. Einblasen von Gas in eine Metallschmelze, der zur Viskositäterhöhung SiC- oder Al_2O_3-Partikel zugesetzt wurden (Al, Mg)

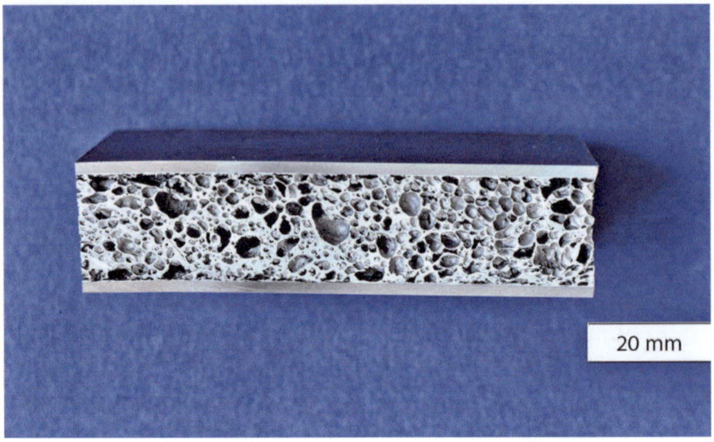

Abb. 2.42 Aluminiumschaum mit Stahlblech (Foto HSM, Eysert)

2. Einrühren eines Treibmittels in eine Metallschmelze und abkühlen unter kontrollierten Druckverhältnissen (Al)
3. Verdichten eines Metallpulvers mit einem pulverförmigen Treibmittel und erwärmen bis sich eine weiche Masse bildet, die durch das entweichende Treibmittel aufgeschäumt wird (Al, Zn, Fe, Pb, Au)
4. Herstellen einer keramischen Gießform ausgehend von einem Wachs oder Polymerschaumtemplat, ausbrennen des Templats, eingießen einer Metallschmelze und entfernen der Gießform (Al, Mg, Ni-Cr, Edelstahl, Cu)
5. Gasphasenabscheidung (CVD, PVD) oder Elektrodeposition von Metallen auf einem Polymerschaumprecursor und ausbrennen des Polymerschaums (Ni, Ti)

Ein neuartiges Verfahren besteht in der Beschichtung mit galvanisch abgeschiedenem nanokristallinem Nickel. Damit erhöht sich die Fähigkeit von offenporigen Aluminiumschäumen Energie zu absorbieren um das Zehnfache (Crashfestigkeit). Um die Druckfestigkeit eines solchen Metallschaums weiter zu erhöhen, kann er zusätzlich mit einem Polymerschaum gefüllt werden.

2.5.1.4 Faserverstärkte Kunststoffe

Seit Jahrzehnten trägt der Einsatz von Kunststoffbauteilen wesentlich zur Massereduzierung bei. Das Ziel besteht aber darin, neben der Massereduzierung annähernd die Festigkeiten von Stählen zu erreichen.

In den Faserverbunden bildet der Kunststoff die Matrix. Ziel der Herstellung von Faserverbunden besteht im Synergieeffekt von Faser- und Matrixwerkstoff. *Slayter* formuliert im 3. Paradoxon zu Faserverbunden: „*Ein Verbundwerkstoff kann als Ganzes Spannungen aufnehmen, die die schwächere Komponente zerbrechen würde, während von der stärkeren Komponente im Verbund ein größerer Anteil seiner theoretischen Festigkeit übernommen werden kann als wenn sie alleine belastet würde*“ [59]. Sie sind bis zu 40 % leichter als Aluminium und 80 % leichter als Stähle.

Unbedingte Voraussetzung dafür, dass dieser Effekt eintritt ist die vollständige Benetzung der Faser mit dem Matrixwerkstoff. Nur dann kann die Einleitung der auf das Bauteil einwirkenden Kraft in die Faser erfolgen. Faserwerkstoffe sind Kohlefasern (Carbonfiber), Glasfasern und Aramidfasern, Matrixwerkstoffe sind:

- *Duromere (Duroplast)*
- Epoxidharz (EP) + Vernetzer
- ungesättigtes Polyesterharz (UP) + Styren
- Phenolharze (PF)
- *Plastomere (Thermoplast)*
- Polyamide (PA)
- Polyoximethylen (POM)
- Polypropen (PP)
- thermoplastisch Polyurethan (TPU)

Pyrolyse und Solvolyse:
Pyrolyse: Zersetzung organischer Verbindungen unter Einwirkung und Luftabschluss.
Solvolyse: Zersetzung organischer Verbindungen unter Einwirkung eines Lösungsmittels.

Als Faserwerkstoff in Faserverbunden gewinnen zunehmend die Kohlefasern an Bedeutung. Die zur Zeit noch hohen Materialkosten, wie sie bei Verwendung von PAN Precursor auftreten sowie das Fehlen ausgereifter Herstellungsverfahren bedingen die Suche nach Lösungsmöglichkeiten, wie:

1. Optimierung der gegenwärtigen PAN-Technologie,
2. Entwicklung alternativer Precursormaterialien, z. B. auf Basis von Lignin und Zellulose [60] und
3. Recycling von Produktionsausschuss und CFK-Mischabfällen, z. B. durch Pyrolyse und Solvolyse.

Die aktuelle Technolgie beruht auf der Pyrolyse von Fasern aus Polyacrylnitril (PAN), siehe ◘ Abb. 2.43.

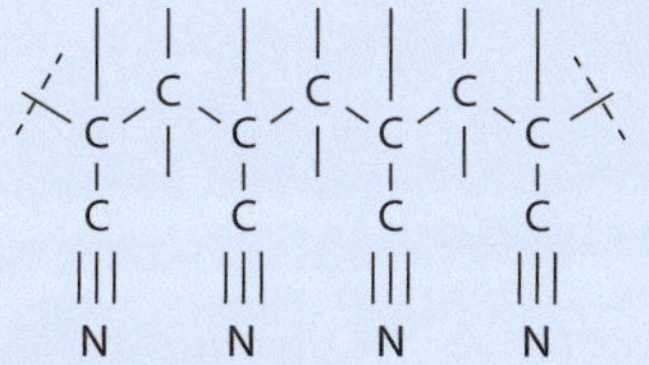

◘ **Abb. 2.43** Kettenabschnitt von Polyacrylnitrl

2

- **1. Stufe**

Stabilisieren der verstreckten PAN-Faser bei 200–300 °C in oxidierender Atmosphäre.

- **2. Stufe**

Carbonisieren in inerter Gasatmosphäre (N_2) bei 1300 °C zwischen 10 und 60 min, Abspaltung von N-haltigen Verbindungen. Es entstehen ringförmige C-Polymere, die noch N enthalten.

- **3. Stufe**

Grafitieren in Argonatmosphäre bei 2500–3000°, bei gleichzeitiger Verstreckung, unter Entfernung der restlichen im Ring gebundenen N-Atome.

- **4. Stufe**

Aktivieren der Faseroberfläche (avivage) in stark oxidierenden Medien(z. B. konz HNO_3, Plasma), damit der Matrixwerkstoff die Faseroberfläche benetzen kann.

Obwohl für den Einsatz der CFK-Technologie in der Luft- und Raumfahrttechnik reiche Erfahrungen vorliegen, lassen diese sich nicht ohne weiteres für die Automobilfertigung übernehmen.

Bei der Anwendung duromerer Matrixwerkstoffe bestehen Probleme in der zu hohen Vernetzungsdauer und der teilweise zu geringen Fließfähigkeit (Viskosität). Die Aufgabe der Forschung besteht demzufolge in der Entwicklung von Harzen mit kürzerer Vernetzungsdauer und Anwendung von Mikrowellen zur Verminderung der Viskosität während der Verarbeitung. Ein Halbzeug aus Carbonfaser mit dem Matrixwerkstoff Epoxidharz zeigt ◘ Abb. 2.44.

Einen weiteren Schwerpunkt in der Entwicklung bildet die Optimierung des RTM-Verfahrens (Resin Tranfer Moulding). In

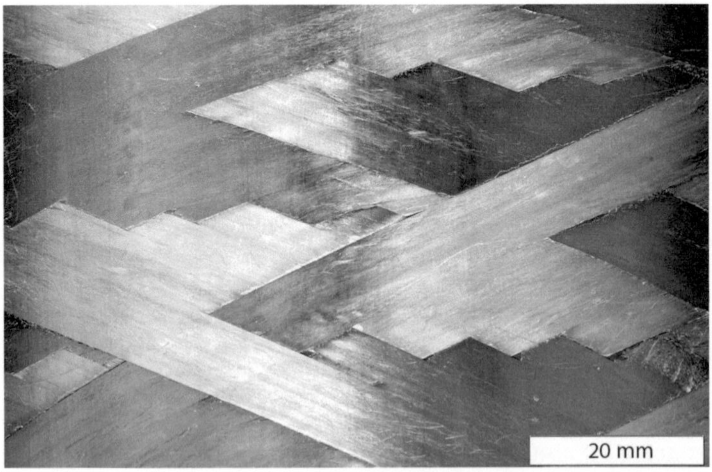

◘ **Abb. 2.44** Halbzeug aus Carbonfaser (Wickeltechnik) (Foto HSM Eysert)

eine verschließbare, beheizbare Form wird das Fasermaterial eingelegt und der fließfähige Matrixwerkstoff (Harz) unter Druck injiziert.

Plastomere bedürfen keiner Vernetzung und sind schmelzbar. Die Verfestigung des Verbundes erfolgt beim Abkühlen, einem rein physikalischen Vorgang, was zur Verkürzung der Taktzeit führt. Faserverbunde aus thermoplastischer Matrix und Endlosfaser sind Organobleche. Auf Grund der plastischen Verformbarkeit der Matrix erfolgt eine höhere Energieabsorption bei Stoßbelastung (Crash) im Vergleich zur duromeren Matrix. Darüber hinaus gilt es eine Funktionsschicht zu entwickeln, was die Herstellung von Bauteilen mit hochwertigen Oberflächen erlauben. Der Einbau von Carbon Nanotubes (CNT) in Organoblechen ermöglicht eine elektrische Leitfähigkeit und gestattet so u. a. die Anwendung elektrostatischer Verfahren zur Lackierung.

2.5.1.5 Keramische Werkstoffe

- **Kompakte Keramik**

Wesentliche Einsatzgebiete sind auf Grund der hohen Härte und thermischen Belastbarkeit:

- *Substrate:*
  Heizer für Lambda-Sonde, Hybridschaltungen (Motorsteuerung, Einspritz-Steuerung, ABS-St., Airbag-St.)
- *Strukturkeramik:*
  Gleitringe, Benzindirekteinspritzer, Common-Rail-Einspritz-Systeme, Zylinderlaufbüchse, Lagerbuchse für Abgasklappe, Bremsscheiben und Bremskolben, Shims, Ventile, Wabenkörper für Katalysatoren, Sockel für Halogenlampen. Werkstoffbeispiele: Al_2O_3, ZrO_2, C/SiC,
- *Lager:*
  Kugellager, Lagerbuchsen. Dafür genutzte Werkstoffe sind SiO_2, SiC, Si_3N_4 und Al_2O_3.
- *Sensoren und Aktoren:*
  US-Wandler, Piezokeramische Ventile (7 u. 8). Der Basiswerkstoffe dafür ist PZT (Blei-Zirkonat-Titanat), λ-Sonde (6).

- **Faserverstärkter Keramik**

Faserverstärkter Keramik oder Keramische Faserverbundwerkstoffe (Ceramic Matrix Composites-CMC) bestehen aus einer keramischen Matrix in die Keramiklangfasern eingebettet sind, wie z. B. SiC, Al_2O_3 und C, wobei der Kohlenstoff als keramischer Werkstoff aufgefasst wird. Das spröde Bruchverhalten herkömmlicher Keramik lässt sich auf diese Weise verringern, d. h. der Risswiderstand erhöht sich.

Geeignetes keramisches Matrixmaterial entsteht durch:

- Abscheidung von Keramik aus einem Gasgemisch (CVD)
- Pyrolyse eines Si- und C-Atome enthaltenden Polymers (Liquid Polymer Infiltration)

Elektrophorese:
Elektrophorese bezeichnet die Wanderung elektrisch geladener Teilchen durch Trägermaterial in einem elektrischen Feld.

- chemische Reaktion
- Sintern bei Temperaturen zwischen 1000 bis 1200 °C
- Elektrophorese mit keramischem Pulver

PT-Keramiken®, Halbzeuge aus papiertechnologisch hergestellter Keramik, sind Zellulosemassen mit einem hohen Anteil an z. B. Aluminiumoxid (bis zu 85 %). Diese Papiere haben die Eigenschaften einer grünen Keramik, die sich wie gewöhnliches Papier umformen und prägen lässt und danach gesintert wird.

Durch Kombination von Leichtmetalllegierungen mit Keramiken ergeben sich metallkeramische Verbundwerkstoffen. Durch Infiltration hochporöser keramischer Preforms mit einer Metallschmelze entsteht nach Abkühlung ein fester Materialverbund.

2.5.1.6 Smart Materials

Neben der Mobilität hat ein Fahrzeug Anforderungen an Sicherheit und Komfort zu erfüllen, die im Laufe der letzten Jahre ständig gestiegen sind und dadurch die erzielten Material- und Gewichtseinsparungen teilweise wieder aufheben. Geeignete Werkstoffe, bzw. Werkstoffkombinationen werden deshalb immer komplexer und tragen so erheblich dazu bei, den „Rebound-Effekt" zu kompensieren. Auf diese Weise lässt sich die Forderung einer nachhaltigeren Mobilität ohne Einbußen an Sicherheit und Komfort erreichen.

Nachhaltigkeit ist das Handlungsprinzip zur Ressourcen-Nutzung. Die Bewahrung der wesentlichen Eigenschaften, der Stabilität und der natürlichen Regenerationsfähigkeit eines ökologischen Systems stehen im Vordergrund

Zu den Smart Materials rechnet man:

- **Selbstheilende Materialien**

Sie ermöglichen eine Erhöhung der Lebensdauer von Werkstoffen in verschiedenen Anwendungen, z. B. in strukturellen Bauteilen. So können u. a. Risse und Korrosionsporen autonom ausheilen, weil im Grundwerkstoff polymerisierbare oder vernetzbare Bestandteile eingebaut sind, die an der Schadstelle freigesetzt werden.

- **Werkstoffe mit Formgedächtnis.**

⇨Glossar: (16) **Prismane**

  - Formgedächtnislegierungen (9)
    Ni-Ti-Legierungen (Nitinol), CuZnAl,CuAlNI, FeNiCoTi und FeMnSi mit Umwandlungstemperaturen zwischen −100 bis ca. 200 °C. Für Steuerelement, wie für Belüftung, Lampenabdeckungen, Spiegel oder Scheinwerferverstellungen ohne Elektromotor und Getriebe
  - Formgedächtnispolymere
    Es handelt sich hierbei um Copolymere, die oberhalb der Schaltemperatur in eine gedehnte Struktur gebracht

werden, die beim Abkühlen erhalten bleibt und bei Erwärmung über diese Temperatur in den Ausgangsstruktur zurückkehrt.

- Rheologische Flüssigkeiten (siehe auch unter Abschn. ► 2.2.2)
  Sie enthalten Partikel, die sich im elektrischen- bzw. magnetischen Feld in Feldrichtung orientieren und damit eine sprunghafte Änderung der Viskosität der Trägerflüssigkeit bewirken. Elektrorheologische Flüssigkeiten (ERF) Beispiele: MCM-41(Silicamaterial) mit Polyanilin, Polypyrrol u. a. in Silikonöl [61] sowie Polyurethanpulver (5 μm) in Silikonöl (Fraunhofer), magnetorheologische Flüssigkeiten (MRF): Beispiel: Unter der Produktbezeichnung „Basonetic“ hat die BASF eine magnetorheologische Flüssigkeit entwickelt, die auf in Öl dispergiertem Carbonyleisenpulver beruht. Sowohl die elektro- als auch die magnetorheologischen Flüssigkeiten eignen sich u. a. für den Einsatz in Dämpfern zur Vibrationsunterdrückung in Fahrzeugen und Maschinen.
- Auxetische Werkstoffe
  Sie dehnen sich bei einer Streckung quer zur Streckrichtung aus und sind charakterisiert durch eine *negative* Poissonzahl (Querkontraktionszahl):
- $\nu_{aux} < 0$
  Der Effekt wird erreicht durch eine spezielle Anordnung der atomaren – bzw. molekularen Bausteine. Beispiele hierfür sind hochverstrecktes Teflon, Wabenkörper, Metallschäume und Verbunde aus Kohlenstofffasern und Prismane.
- Schaltbare Verglasung (auch intelligente Verglasung)
  Sie ändern ihre ► Lichtdurchlässigkeit durch das Anlegen einer ► elektrischen Spannung (Elektrochromie), z. B. LC-Gläser oder durch Einwirkung von Strahlung. Man unterscheidet photochrome, thermochrome, und thermotrope Verglasungen. Sie dienen als ► Sonnenschutz (Glas bleibt transparent) oder als Sichtschutz, Glas wird ► opak. Werkstoffe für thermochrome Beschichtungen sind z. B. Metalloxide, wie Zn-, V-, und Cu-Oxide, Ag-Halogenide, Polymererblends, Spiropyrane und Spirooxazine. Die Änderung der Struktur des Spirooxazins als Voraussetzung für eine thermochrome Beschichtung zeigt Abb. 2.45.

Werkstoffe für elektrochrome Verglasungen: WO_3 mit Li-Ionen in einem ionenleitfähigen Polymer in einer Mehrschichtanordnung, Werkstoffe für thermotrope Schichten sind: Hydrogele, Polymerblends, Flüssigkristalle (⇨ 10)

Eine neue Möglichkeit bietet die Substitution der Verbundglasscheiben aus Silikatglas durch Polycarbonat. Zur Erreichung

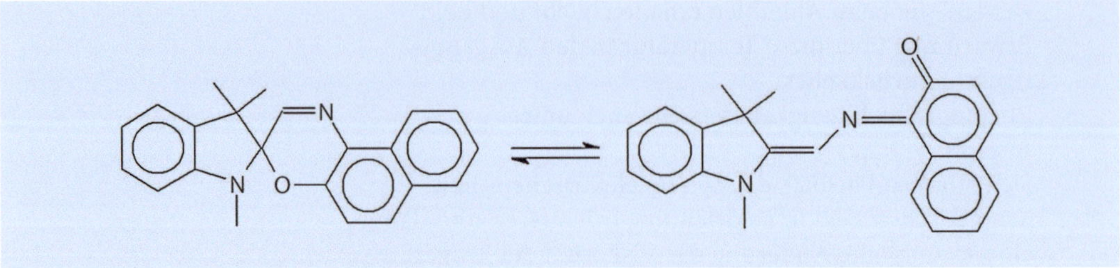

Abb. 2.45 Strukturformel von Spirooxazin

der notwendigen Kratzfestigkeit erfolgt die Beschichtung der Kunststoffscheiben mit nanoskaligen transparenten Hartschichten. Für eine Verwendung als Windschutzscheibe reichen zur Zeit die erreichbaren Oberflächeneigenschaften und die Festigkeit des Grundmaterials nicht aus.

2.5.2 Luft- und Raumfahrt

Nach den erklärten Zielen bei der Entwicklung moderner Verkehrsflugzeuge bis zum Jahre 2020 im Vergleich zum Stand des Jahres 2000 sollen die Modelle 50 % weniger CO_2 und 80 % weniger Stickoxide (NO_x) ausstoßen sowie 50 % weniger Lärm verursachen. Strategisches Ziel besteht deshalb in der Konzentration der Forschung auf den Leichtbau (Zelle) und Entwicklung energieeffizienter Triebwerke. So besteht z. B. der Airbus A350 aus folgendem Materialmix: 52 % Faserverbundwerkstoffe, 20 % Aluminium-Legierungen, 14 % Titan, 7 % Stahl und 7 % sonstige Werkstoffe.

2.5.2.1 Flugzeugstruktur (Zelle)

- **Metallische Werkstoffe**

Neben CFK haben Aluminiumlegierungen als Leichtbauwerkstoff auch weiterhin Bedeutung. Die hierfür geeigneten Legierungen basieren auf den Legierungselementen Lithium und/oder Scandium. Diese Legierungen haben eine bis zu 3 % geringere Dichte und einen um 6 % höheren E-Modul, aber eine geringere Korrosionsbeständigkeit und Duktilität. Durch Zusatz von weiteren Legierungselementen, im besonderen Scandium, lassen diese nachteiligen Eigenschaftsveränderungen beeinflussen. Darüber hinaus hängen die erzielbaren Eigenschaften ganz besonders von der Einhaltung der Prozessparameter beim Aushärten ab. Unter dem Markenname AIRWARE® steht ein Al-Li-Blechprodukt für den Flugzeugbau zur Verfügung, bei dem u. a. das 100 %ige Recycling garantiert ist.

Durch Anwendung alternativer Fügetechniken, wie das Rührreibschweißen (siehe ► 2.5.1.1), Laserstrahlschweißen und Klebetechniken kann man auf das klassische Nieten verzichten und so eine weitere Gewichtsersparnis erzielen.

Magnesiumlegierungen besitzen zwar eine noch geringere Dichte als Al-Legierungen, benötigen aber einen Korrosionsschutz und sind schlecht verformbar. Zukünftig sollen neue Legierungen und Korrosionsschutztechniken eine Anwendung ermöglichen.

Eine Sandwichstruktur unter der Bezeichnung Glasfaserverstärktes Aluminium (GLARE) weist eine um 10 % geringere Dichte, höhere Impact-Beständigkeit, sowie höhere Korrosions- und Feuerbeständigkeit als Al-Legierungen auf. Ihre Herstellung erfolgt durch Verkleben von Al-Folien und Glasfaserlaminatschichten.

▪ Faserverstärkte Kunststoffe

Wenn bei der Ausstattung im Innenraum GFK bevorzugt zur Anwendung kommen, dominieren bei der Zellenstruktur CFK. So sind z. B. im Airbus A380 u. a. Seiten- und Höhenleitwerk, Landeklappen, Vorflügel und Rippen der Tragflächen, der Flügelmittelkasten sowie die drucklose Rumpfhecksektion und die Druckkalotte aus Kohlefaserverbunden. Geringere Ermüdungsneigung und Wärmeausdehnung sowie höhere Korrosionsbeständigkeit zeichnen CFK gegenüber Aluminiumlegierungen aus, aber nachteilig wirkt sich das Erfordernis einer Ausrüstung der nichtleitenden Außenhaut mit einem Metallnetz gegen Blitzschlag aus.

Im Zusammenhang mit der Anwendung der CFK konzentrieren sich die Forschungen auf die Optimierung der Matrixwerkstoffe. Hauptsächlich sollen neue Harze die Benetzung der Fasern verbessern. Einen Ansatz dazu bietet das Einbringen von Nanopartikeln aus SiO_2 oder Böhmit in die Harzmischung. Außerdem lässt sich damit das Ausmaß des Schrumpfens beim Vernetzen vermindern. Eine gezielte Verbesserung der Nutzung der anisotropen Eigenschaften von langfaserverstärkten Kunststoffen führt zur Massenersparnis von Bauteilen.

Bei der *Anisogrid*-Technologie bilden Elemente aus unidirektionalen Faserverbunden gitterartige Strukturen, wodurch eine weitere Gewichtsersparnis erreichbar ist. Probleme stellen gegenwärtig die hohen Herstellungskosten und die Unterbrechung der Struktur der Anisogrids durch Türen, Übergänge zwischen Rumpfsegmenten u. a. dar.

Das „Aeroelastic Tailoring" nutzt die Anordnung der unterschiedlich orientierten Verbundstrukturen zur Kompensation der aerodynamischen Verdrehungen, insbesondere an den Tragflächen, aus. Die immer vorhandene Tatsache des anisotropen Verhaltens von Langfaserverbunden muss deshalb stärker in der Ausbildung von Ingenieuren Berücksichtigung finden, um eine werkstoffgerechte Bauteilkonstruktion zu erreichen.

Dominantes Fertigungsverfahren zur Herstellung von CFK-Strukturbauteilen besteht gegenwärtig in der Prepregtechnik, gekennzeichnet durch Vernetzung der duroplastischen Matrix,

⇨Glossar: (17) **Hochleistungskunststoffe**

verbunden mit langen Zykluszeiten bei geringem Automatisierungsgrad. Im Falle der Fertigung einer 32 m langen Flügelschale für den A 350, unter Verarbeitung von 2 t Kohlefaser, dauert dieser Prozess etwa 7 bis 8 Tage. Deshalb gehen die Bemühungen dahin, thermopastische Matrixwerktoffe, wie die Hochleistungskunststoffe Polyphenylensulfid (PPS), Polyetherimid (PEI) und Polyetheretherketon (PEEK) einzusetzen, mit dem Ziel der Herabsetzung der Taktzeit, der Verminderung des Schrumpfens und erhöhter Crash-Sicherheit (Organoblech).

Mit der verstärkten Anwendung von Faserverbunden rückt die Fügetechnik, und damit das Kleben, immer stärker in den Mittelpunkt von F- und E-Arbeit, ebenso wie die Entwicklung hybrider Strukturtechniken durch Kombination von Faserverbunden mit Metallen.

2.5.2.2 Triebwerk

Bei der Reduzierung von Emissionen, Treibstoffverbrauch und Lärmbelastung kommt dem Einsatz neuer Werkstoffe, besonders denen mit hoher thermischer Belastbarkeit, in der Triebwerksentwicklung eine entscheidende Bedeutung zu.

Eine Steigerung des Wirkungsgrades des Triebwerks ist durch die Steigerung der Gaseinlasstemperatur in der Turbine möglich. Das erfordert im Hochtemperaturbereich der Turbine den Einsatz entsprechender Werkstoffe. Die Basis dieser Werkstoffe bilden Nickellegierungen mit Warmfestigkeiten bis zu 1100 °C. Sie enthalten das Element Rhenium (Re) oder Ruthenium (Ru), das durch Mischkristallbildung die Härte des Werkstoffs steigert sowie die Kriechbeständigkeit bei hohen Temperaturen erhöht. Mit Hilfe spezieller Gießverfahren lässt sich eine Ausbildung von Stängelkristallen erreichen. Stängelkristalle sind langgestreckte Kristallite im Gussteil. Sie stehen senkrecht zur Oberfläche und bewirken damit ein anisotropes Verhalten. Diese anisotropen Strukturen wirken sich ebenfalls positiv auf die Kriechfestigkeit des Werkstoffes bei hohen Temperaturen aus.

Zukünftig wird versucht, die Nickellegierungen für den Hochtemperaturbereich durch leichtere Verbundwerkstoffe zu ersetzen. Dafür eignen sich Carbonfaserverbunde, Keramikfaserverbunde, Metallmatrixcomposite (MMC), wie z. B. siliziumcarbidfaser-verstärkte Titanlegierungen und intermetallische Verbindungen (⇨ 18) (auf Basis von Nickel, Titan oder Eisen mit Aluminium oder auch Silicide, am weitesten entwickelt sind die Titanaluminide. Keramikmatrix-Komposite sind Kombinationen von Fasern aus Siliziumcarbid (SiC), Kohlenstoff oder Al_2O_3 und einer nicht oxidischen Matrix aus SiC oder oxidischen Keramiken aus Al_2O_3, die sich für den Einsatz als Hochtemperaturwerkstoff in Triebwerken eignen. Einen anderen Weg stellt die funktionale Beschichtung von Triebwerksteilen dar.

Moderne zivile Strahltriebwerke sind hauptsächlich Mantelstromtriebwerke (*engl.:* turbofan), wie ◘ Abb. 2.46 zeigt. Im vorderen Segment des Triebwerks (Niedrigtemperaturbereich), dem Fan-Modul, kommen verschiedene Bauteile aus FVK mit thermisch stabilen Matrixwerkstoffen, wie Fan-Schaufeln, Nose Cone oder Teile des Housing zum Einsatz.

2.5.2.3 Fahrwerk

Das Fahrwerk (*engl.:* gear) ist eine Vorrichtung, die dem Flugzeug das Manövrieren (Rollen) am Boden Starten und Landen ermöglicht. Passagierflugzeuge haben einziehbare Fahrwerke. Ein Fahrwerksystem lässt sich in folgende Hauptkomponenten aufteilen:

- Reifen mit Felge und Bremsen,
- die Fahrwerksstruktur, bestehend aus Fahrwerksbein und Verstrebung,
- einem etwaigen Achsträger (Bogie Beam)
- Stoßdämpfer zur Abfederung, um ein erneutes „Hochspringen" der Maschine nach dem Aufsetzen zu verhindern (◘ Abb. 2.48) [64].

An den Fahrwerken eines A340 befinden sich 12 Räder, wie Bild 2.47 [62] zeigt. Ein Fahrwerkssatz besteht aus einem Bugfahrwerk (Nose-landing gear), einem Zentralfahrwerk (center-landing gear) und zwei Hauptfahrwerken (main-landing-gears). Die Hauptfahrwerke tragen den Großteil der ca. 270 Tonnen Startgewicht. Ebensolche Bedeutung wie die Reifen besitzen die Bremsen für das Fahrwerk. Neben den aerodynamischen Bremsen, den Bremsklappen (Spoilern) an ihren Tragflächen und dem Umkehr-

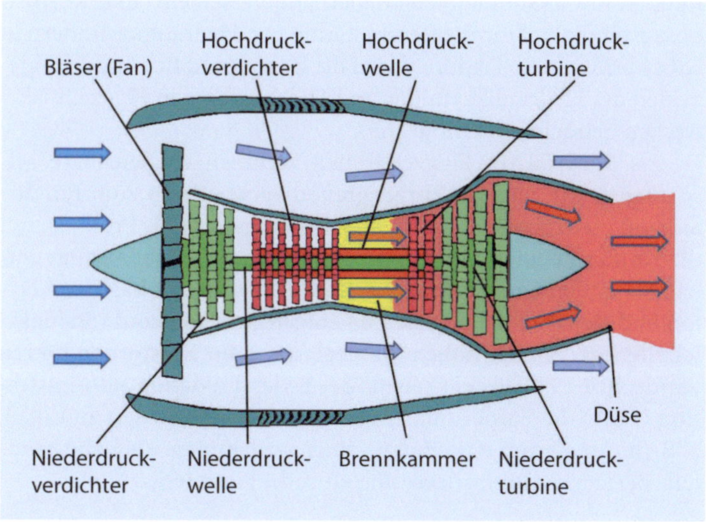

◘ **Abb. 2.46** prinzipieller Aufbau eines Mantelstromtriebwerkes

Abb. 2.47 Airbus 340–600 im Landeanflug [63]

schub der Triebwerke, haben Flugzeuge auch mechanische Radbremsen. Zum Beispiel verfügen die Hauptfahrwerke einer A340 über acht Scheibenbremsen, an jedem der Hauptfahrwerksräder, wie Abb. 2.48 und 2.49 zeigen. Anstelle von Stahlbremsscheiben werden heute zunehmend Bremsscheiben aus Kohlefaserverbund („Carbon") verwendet, die leichter sind und eine längere Lebensdauer haben. Weitere Entwicklungen zur Gewichtsersparnis sind z. B. die FlyBy-Wire-Technologie und der verstärkte Einsatz von Bauteilen aus CFK.

Ein HVOF-Beschichtungsverfahren (Hochgeschwindigkeitsflammspritzen) in Kombination mit speziell entwickelten Wolframkarbidwerkstoffen bietet dauerhafte Verschleiß- und Korrosionsbeständigkeit für die Beschichtung von Hydraulikzylindern in Fahrwerksbeinen. Dadurch wird die Zahl der Abflug- und Landezyklen der Hydraulikzylinder und Dichtungen von Flugzeugfahrwerken beträchtlich erhöht [65].

Als Material für Flugzeugreifen kommen vergleichbare Mischungen, wie die für Fahrzeugreifen verwendeten zum Einsatz. Sie sind meist schlauchlos und haben Längsrillen als Profil. Damit die Lauffläche über eine entsprechende Lebensdauer verfügt enthält sie in den Gummi eingearbeitetes Gewebe auf Basis von Nylon und Keflar (LC-Polymer), da eingelegter Stahlcord (Stahlgürtelreifen) wegen der hohen Walkbelastung zur Zerstörung führen würde. Seit 1990 besteht seitens der Federal Aviation Administration (FAA) die Forderung, Flugzeugreifen mit Inertgas zu füllen, z. B. Stickstoff, um eine Entzündung verdampfter Reifenbestandteile bei starker Bremsbelastung zu verhindern [66].

Abb. 2.48 Bremssystem am Hauptfahrwerk [64]

Abb. 2.49 Mehrfachscheibenbremssegment (Bild deacademic.com)

2.5.2.4 Flugzeugkabine

„Unsere Marktuntersuchungen haben ergeben, dass die Kabine zu den wachstumsstärksten Segmenten der Luftfahrtindustrie überhaupt gehört", sagte Carsten *Kessler*, Geschäftsführer der CSH (Cabin Systems Holding) [67]. Das resultiert aus der Forderung der Passagiere nach Lifestyle, Infotainment und Kommunikation an Bord. Dem entgegen wirken die unbedingt einzuhaltenden Sicherheitsstandards im Flugzeugbau, einschließlich der Kabinenausstattung, und der Beförderung einer hohen Anzahl an Passagieren pro Flug. Im Projekt *„Simplifizierte Kabine (SIMKAB) – Basistechnologien für eine leichte und vereinfachte Kabine"* arbeiten viele Forschungseinrichtungen an diesem Vorhaben. Die Strategie besteht darin, innovative Technologien aus den Bereichen Lichtsysteme, Werkstoffe, Akustik, Kabinenversorgungs- und Kabinenmanagementsysteme sowie Frachtsysteme zu erarbeiten. Ziel ist es, mehr Effizienz, Modularität und Flexibilität für eine standardisierte Kabine zu erreichen [68].

Neben der Anwendung von geschäumten Kunststoffen auf Basis von Polyimiden oder Polyurethanen für Sitzkissen und Matratzen kommen solche Schäume zur Isolierung von Schall, Kälte oder der Absorption von Vibrationen in Form von Isoliermatten oder Wandpanelen zum Einsatz [69]. Für Wandverkleidungen zur Schallisolierung verarbeitet man kaschierten Melaminharzschaum auf Polycarbonat Rahmen. Zusätzlich zu den festeingebauten Isoliermaterialien lassen sich nicht isolierbare Bereiche, wie Türen und Notausgänge, während des Fluges nachträglich dämmen. Eine temporäre Isolierung dieser Kältebrücken ermöglichen die von der Firma ACM entwickelten flexiblen Matten. ACMd prüft alle Materialien auf die Lufttüchtigkeit und Schwerentflammbarkeit, so dass selbst völlig neue, noch nie zuvor verarbeitete Materialen inklusive der EASA Dokumentation freigegeben und geliefert werden können.

Einen maßgeblichen Anteil am Kabinenkomfort hat die Sitzausstattung. Es ist möglich, Sitzbezüge in jeder Ausführung, Farbe und verschiedensten Materialien anzufertigen, entsprechend dem jeweiligen Kostenrahmen. Dabei sind die häufig verarbeiteten Materialien Textilien, Echt- und Kunstleder, Alcantara (Mikrofaservliesstoff), sowie laminierte Sitzbezüge. Sie zeichnen sich insbesondere durch Scheuer- und Reißfestigkeit sowie einfache Reinigung aus. Eine neue antibakterielle Beschichtung für Flugzeugsitze soll für mehr Hygiene und weniger Reinigungsaufwand in der Kabine sorgen [70]. Antibakterielle Oberflächen verhindern die Entstehung und Entwicklung von Bakterien und Pilzkulturen [71]. Ihre Wirkung beruht auf in die Beschichtung eingebaute Substanzen mit antiseptischen Eigenschaften von Kupfer- und Silbersalzen, Emaille und Sol-Gel-Systemen. Die Bildung der aktiven Metallionen erfolgt in einer Aluminium-Silikat-Matrix unter Aufnahme der Luftfeuchtigkeit.

Zur Erhöhung des Komforts in der Kabine gehören die Bereiche Kabinenbeleuchtung und Unterhaltungs- und Informationssysteme. Hier ergeben sich durch Anwendung der LED-Technologie Möglichkeiten einer Farbabstimmung. Mit der neuen Generation größerer Bildschirme und der Vernetzbarkeit mit Geräten der Passagiere erhöhen sich die Informationsmöglichkeiten.

Die Firma Airbus will mit dem A3330neo in der Business Class die Gepäckfächer vergrößern und ca. 60 % mehr Platz anbieten als vorher, wie es ◘ Abb. 2.50 zeigt. In der Economy Class wiederum steht die angebotene Sitzbreite im Vordergrund. So sollen die Sitze von 17 auf 18 Inch verbreitert werden. Den Willkommensbereich und die Toiletten will man ebenfalls geräumiger gestalten.

„Die Flugzeugkabine hat sich seit Beginn der Luftfahrt sehr stark gewandelt vom einfachen (unbequemen) Transportmittel zum komfortablen Reisemittel.“ … schreibt U. *Hoffmann* von der Diehl Aerospace GmbH [72]. Wobei auf diesem Wege der wesentliche Schwerpunkt auf Gestaltung und Effizienz liegt und weniger auf dem Werkstoff Einsatz.

2.5.3 Schienenfahrzeuge

Nach „Wortbedeutung.info“ [73] sind Schienenfahrzeuge solche, die auf einer oder mehreren Schienen fahren, mit anderen Worten: Schienengebundene Fahrzeuge. Dieser Begriff steht im allgemeinen Sprachgebrauch für „Eisenbahnen“ zur Beförderung von

◘ **Abb. 2.50** Computerdarstellung der Kabineneinrichtung des Airbus 330neo (Foto Airbus)

Gütern bzw. Personen. In der DIN 25003 erfolgt u. a. eine Einteilung der Eisenbahnfahrzeuge gibt ◘ Tab. 2.15.

Der „*Zug der Zukunft*" erfordert die Bearbeitung und Entwicklung von Lösungen folgender Schwerpunkte:

- Innovative Fahrzeugkonzepte
- Werkstoffe, Verfahren und Strukturen
- Energiequellen
- Energiemanagement
- Lärm und Komfort und
- Fahrsicherheit [74]

Die Nutzung von Wasserstoff als Energieträger in Brennstoffzellen (PEM) im Schienenverkehr bildet die entscheidende Variante für zukünftige Antriebe. Im Jahre 2013 kam in China die erste „Brennstoffzellenlokomotive" zum Einsatz, 2017 folgte in Deutschland auf der Strecke Buxtehude – Cuxhaven der Passagierzug CORADIA des französischen Herstellers Alstom. Zwischen Grimma und Leipzig verkehrte am 1. Februar 2019 erstmals der wasserstoffgetriebene Zug CORADIA iLINT mit einer Reichweite von 1000 km pro Tankfüllung.

Würde zur Wasserstofferzeugung über Elektrolyse „Kohlestrom" eingesetzt, entstünden pro Tonne Wasserstoff 2,5–5 t CO_2. Im Hinblick auf die Zielsetzung entfällt dieser Weg. Die Verwendung von ausschließlich „Grünem Strom" für die Wasserelektrolyse kann das genannte Problem lösen, aber die Biomassegasifizierung ist ein Verfahren, mit dem auch günstig Wasserstoff gewinnbar ist. Vor allem stellt die superkritische Wassergasifizierung (SCWG. Supercritical Water Gasification) eine ergieeffiziente Alternative zu anderen Verfahren dar [75].

◘ **Tab. 2.15** Einteilung der Eisenbahnfahrzeuge in Anlehnung an die DIN 25003

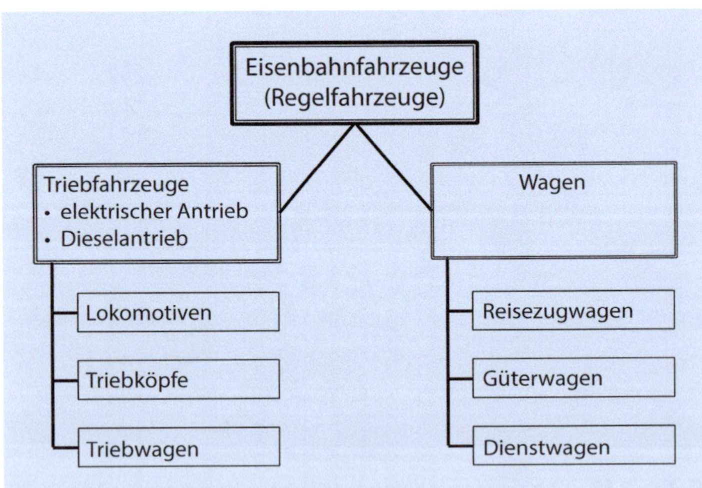

Obwohl zur Zeit die Lebensdauer einer transportablen Brennstoffzelle nur bei ca. 5000 Stunden und für stationär betriebene bei 40.000 Stunden liegt, besteht der Vorteil eines Betriebes ohne Oberleitung.

Steigt der Anteil an alternativ erzeugtem Strom, also kein Strom aus fossilen Energieträgern, lohnt sich der Einsatz von Langfristspeicher, die Elektroenergie über längere Zeit speichern können und bei Bedarf die Rückverstromung gestatten.

2.5.3.1 Wagen

Im Schienenfahrzeugbau geht die Entwicklung beim Bau des Wagenkastens eindeutig hin zur Hybridbauweise, wie ◘ Abb. 2.51 zeigt. Ein Unterrahmen aus rostfreiem Stahl (X5CrNi 18-9) trägt ein Wagenkastengerippe aus Baustahl in das die Seitenwandelemente in Form von Sandwichbauteilen aus Aluminiumwabenkernen mit CF/PEEK- Beplankung (Arlon® 1263) integriert sind. Des Weiteren kommen pultrudierte Kunststoffprofile zum Einsatz [76].

Pultrusion:
Kontinuierliches Verfahren zur Herstellung von Verbundwerkstoffen mit konstantem Querschnitt. Der Begriff ist eine Wortzusammensetzung aus „Ziehen“ und „Extrudieren“

2.5.3.2 Antrieb

Schienenfahrzeuge verfügen entweder über Diesel- oder Elektrotraktion. Sinnvoll erscheint es deshalb, beide in Form eines Hybrids zu kombinieren. Mit Dieseltraktion lassen sich auch große

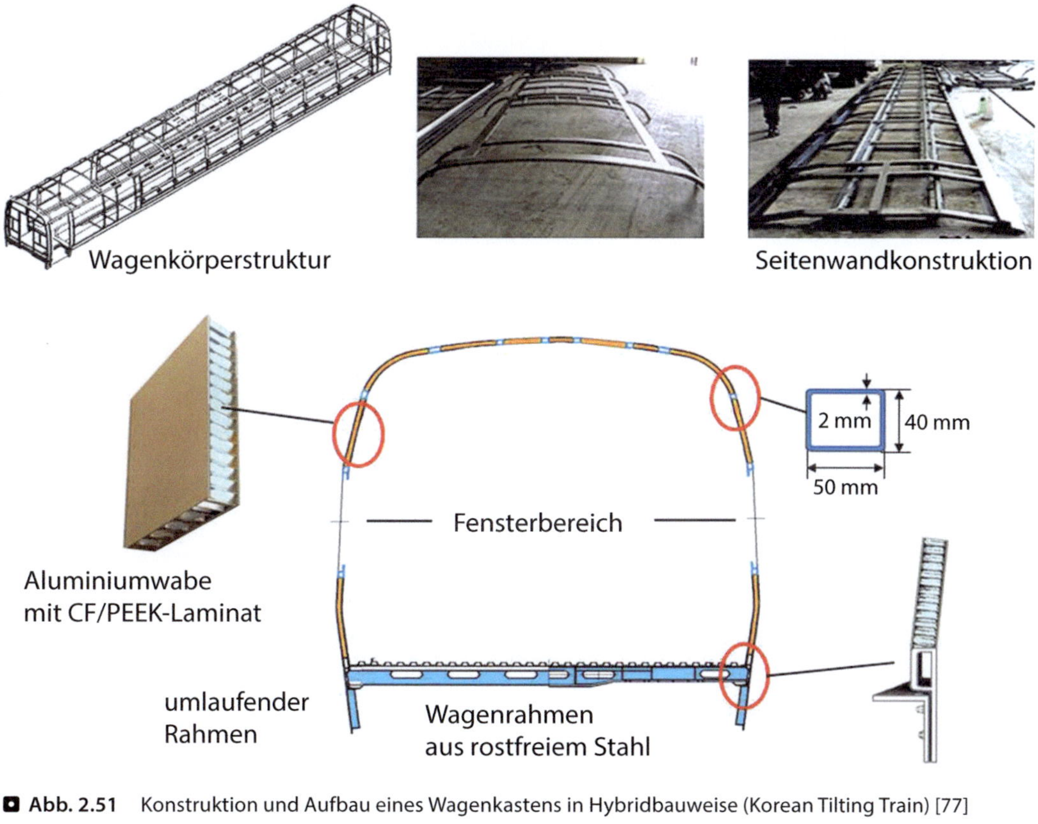

◘ **Abb. 2.51** Konstruktion und Aufbau eines Wagenkastens in Hybridbauweise (Korean Tilting Train) [77]

2

Entfernungen ohne Oberleitung wirtschaftlich zurücklegen. Die Kombination aus Dieselmotor und Elektromotor mit Akkumulator als Speicher gestattet eine Ausweitung auf fahrdrahtlose Strecken. Eine Erweiterung der Möglichkeiten für Energiequellen bietet der Einsatz von Gasturbinen oder Brennstoffzellen (PEM). Auf elektrifizierten Abschnitten kann dabei lokal ein emissionsfreier und energieeffizienterer Verkehr unter Fahrdraht realisiert werden [79].

Ein Beispiel für den Trend der Entwicklung der Elektroantriebe ist die Ablösung der Käfigläufer-Asynchronmaschine (ASM) mit Getriebe durch den getriebelosen Permanentmagnet-Synchronmotor (PM), wie ihn ◘ Abb. 2.52 zeigt. Hauptmerkmal des PM bildet die Anwendung hartmagnetischer Werkstoffe mit höchstem maximalem Energieprodukt $(B{\cdot}H)_{max}$ bis ca. 400 $kJ{\cdot}m^{-3}$ (⇨ 3) auf Basis von NdFeB. Dieses getriebelose Antriebssystem führt zu einem höheren Wirkungsgrad des Fahrmotors und den Wegfall der durch ein Getriebe verursachten Nachteile, wie Lärm und Wartungsaufwand [79].

2.5.3.3 Radsatz

Auf Grund von Schadensfällen an Radsätzen des ICE3 einer Bauart mit dem Stahl 34CrNiMo6 setzt man künftig wieder den sogenannten Eisenbahnstahl 25CrMo4 oder EA4T ein. Dieser Stahl gilt für Dauerbelastungen als umfassend erprobt, bedingt aber größere Abmessungen. Die Hybridbauweise moderner Radsätze aus Stahl- und Aluminiumlegierungen, wie 30NiCrMoV12 und AlMgSi1(6082-T6) ermöglicht eine Gewichtsreduzierung um ca. 25 % gegenüber bisherigen, mit dem Ergebnis eines geringeren Energieverbrauchs, bzw. einer höheren Nutzlast des Schienenfahrzeuges.

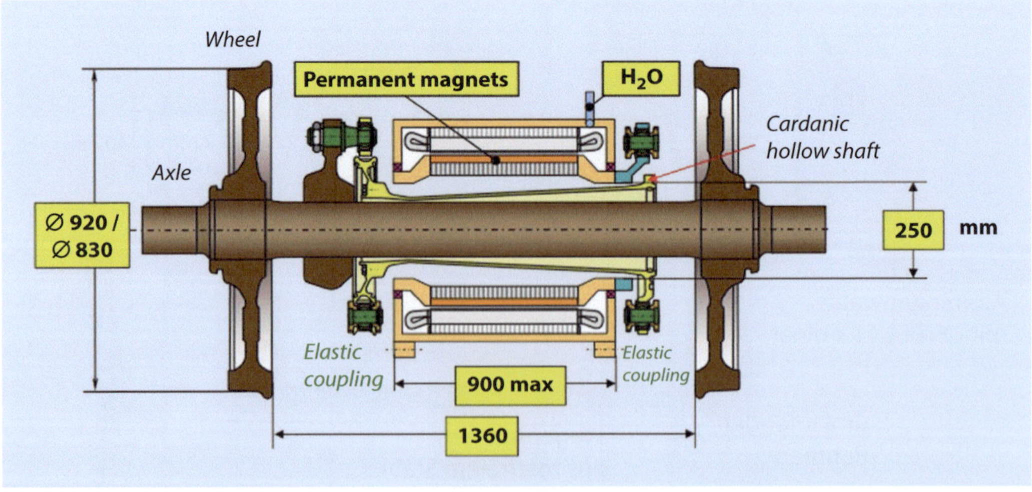

◘ **Abb. 2.52** Permanentmagnet-Synchronmotor als Antrieb für den ICE3 (Bild SIEMENS)

2.5.4 Schiffbau

Moderne Schiffe zeichnen sich dadurch aus, dass sie schnell, wendig und zugleich leicht, stabil, belastbar und langlebig sind. Nach wie vor erfüllen Stähle weitgehend diese Ansprüche. Ihre Zugfestigkeit liegt zwischen 410 bis 500 N/mm^2, bei hohen Werten für die Bruchdehnung von ca. 20 %. Diese Stähle, bedingt durch den niedrigen C-Gehalt, sind warm- und kaltumformbar, gut schweißbar (MIG, MAG) und unempfindlich gegen Sprödbruch. Neben Profilen und Blechen kommen Schmiedeteile (Wellen) und Stahlgussteile (Steven, Anker) zum Einsatz [80]. Es handelt sich bei diesen Stahlsorten, entsprechend ihrer Zusammensetzung und den erreichten Kennwerten um Feinkornstähle, entsprechend ◘ Tab. 2.16.

Eine Vielzahl von Neuerungen im Schiffbau betrifft, in Analogie zum Automobil- und Flugzeugbau, den Einsatz von Werkstoffen mit geringer Dichte, die nicht magnetisierbar sind, wie Kunststoffe und Aluminiumlegierungen, die Anwendung spezieller Schweiß- und Fertigungstechniken sowie effektive Geräuschdämmungssysteme.

Für Verbindungen von Stahl und Aluminium wählt man Verbundprofile oder explosionsgeschweißte Platten, aus denen Streifen herausgeschnitten und mit dem gleichen Metall durch Fügen verbunden werden. Wichtige Anwendungsbereiche, neben der Entwicklung neuer Schiffsformen, sind: [82]

- Passagier-, Handels- und Marineschiffe, insbesondere Flugzeugträger, für Deckaufbauten, Kolben von Großdieselmotoren und Kugeltanks auf Flüssiggastankern (bis zu 38 Meter Durchmesser, 25.000 Kubikmeter und 800 Tonnen Leergewicht)
- Zunehmend für Küsten- und Binnenschiffen sowie Fähren auch für den Rumpf.
- Tragflügel- und Luftkissenboote

◘ **Tab. 2.16** Chemische Zusammensetzung und mechanische Eigenschaften eines Schiffbaustahles der Sorte NKD36 der Firma Henan HZZ Iron And Steel Co., Ltd. [81]

chemische Zusammensetzung [%]					**mechanische Eigenschaften**		
C	Mn	Si	P	S	Zugfestigkeit [MPa]	Streckgrenze [MPa]	Bruchdehnung [%]
0,1–0,8	0,9–1,6	0,1–0,5	0,035	0,035	440–590	315	22

- Küstenwach- und Polizeiboote
- Rümpfe für Groß- und Luxusyachten,
- Segelmasten [83]

Insbesondere Aluminiumlegierungen mit Magnesium und Mangan werden heute in allen Schiffstypen eingesetzt, gleichgültig ob es sich um ein Segelboot, eine Yacht, eine Fähre oder einen Luxusliner handelt. Aluminiumrümpfe sind grundsätzlich als ausgesteifte und geschweißte Blechkonstruktionen konstruiert. Ein Werkstoffbeispiel für Aluminiumlegierungen im Schiffbau enthält ◘ Tab. 2.17. Für den Schiffbau sind Werkstoffe interessant, die einfache Konstruktionen gestatten, ausreichende Festigkeiten garantieren und besonders korrosionsbeständig sind. Diese Anforderungen erfüllen in hohem Maße die Kunststofffaserverbunde. Eine Möglichkeit bietet der Einsatz von Aramidfasern (Kevlar®, Handelsname der Fa. DuPont) eingebettet in ungesättigten Polyesterharzen (UP) oder in Vinylesterharzen. Durch Vernetzung entsteht aus den harzähnlichen Vorprodukten der duromere Kunststofffaserverbund. Verbunde auf Basis von Vinylesterharzen sind merklich beständiger gegen Hydrolyse. Im Yachtbau kommen für den Unterwasserbereich Laminate aus Vinylesterharzen auf Polyesterlaminaten zur Anwendung. Darüber hinaus zeichnen sich Vinylesterharze im Vergleich zu ungesättigten Polyesterharzen durch eine höhere Schlagfestigkeit aus [84].

Vinylesterharze:
Vinylesterharz wird durch Veresterung eines Epoxidharzes mit einer ungesättigten Monocarbonsäure, z. B. Vinylethansäure, gewonnen. Das Reaktionsprodukt wird danach z. B. in Styren gelöst mit einem Massegehalt von 35–45 %.

Für große dreidimensionale Formteile, die hohen mechanischen Belastungen ausgesetzt sind, kommen neben den traditionellen glasfaserverstärkten Kunststoffen (GFK/GFRP) auch kohlefaserverstärkte Verbunde (CFK/CFRP) zum Einsatz.

◘ **Tab. 2.17** Chemische Zusammensetzung und mechanische Eigenschaften der Aluminiumlegierung AlMg4,5Mn0,7

chemische Zusammensetzung [%]								
Si	Fe	Cu	Mn	Mg	Cr	Ni	Zn	Ti
0,40	0,40	0,10	0,40–1,0	4,0–4,9	0,05–0,25	0,0	0,25	0,15

mechanische Eigenschaften				
Zugfestigkeit [N·mm^{-2}]	Streckgrenze [N·mm^{-2}]	Bruchdehnung [%]	Brinellhärte HB	Dichte [g·cm^{-3}]
275–350	125–190	15	75	2,66

Eine weitere Variante zur Gewichtsersparnis bei genügender Festigkeit stellt die Entwicklung der Sandwichbauweise dar, mit dem typischen Aufbau Deckschicht-Kern-Deckschicht. Es ergeben sich damit vielfältigste Kombinationsmöglichkeiten.

Das als SPS™ bekannte Sandwich-Plate-System, ein Verbund aus Stahl und Polyurethan, erfüllt diese Anforderungen. Es setzt sich bei der Reparatur und im Neubau von Schiffsdecks und Laderäumen mehr und mehr durch. Im Vergleich zu herkömmlichen Verfahren lassen sich die Reparatur- und Montagezeiten deutlich verkürzen [85].

Die Verwendung von Nomexwaben als Kern in Verbindung mit hochfesten Decklagen, meist aus Glasfaser- oder Kohlefaserkunststoffverbunden, ergeben formsteife und leichte Bauteile. Nomex® von DuPont ist ein aromatisches Polyamidpolymer (Aramid) mit Phenolharz getränkt. Daraus stellt man die gleichnamige Wabenstruktur her. Nomexwaben bestehen aus mit Phenolharz getränktem Aramidpapier. In Kombination mit Prepregs entstehen leistungsfähige, leichte Sandwichbauteile [86], wie ◘ Abb. 2.53 zeigt. Markennamen für Aramide sind Nomex und Kevlar der Fa. DuPont.

Bei den im Schiffbau eingesetzten Werkstoffen, Halbzeugen und Baugruppen zeigt sich die gleiche Tendenz, wie im Automobilbau und in der Luft-und Raumfahrt: Masseeinsparung, bei ausreichender Festigkeit und hoher Korrosionsbeständigkeit, unter Anwendung effektiver Fertigungstechniken.

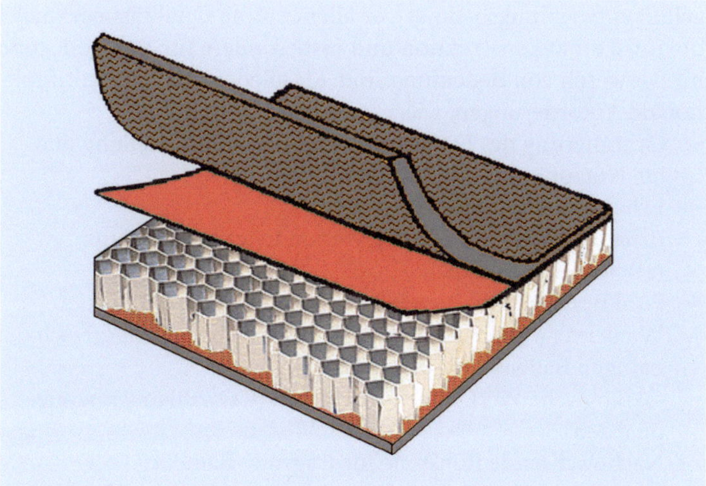

◘ **Abb. 2.53** Nomexwabe (Keflarpapier mit einer Decklage aus Kohlefaserverbund)

2

2.5.5 Kernaussagen

Transport-und Verkehrstechnik bedeutet immer die Bewegung von Masse und damit den Verbrauch von Energie. Daraus ergibt sich die Bedeutung des Verhältnisses Gesamtmasse zu Nutzmasse für die Wirtschaftlichkeit, insbesondere für die Energieeffiziens. Darüber hinaus hat bei der Energiewandlung der Schadstoffausstoß eine fundamentale Bedeutung. Zu erreichen ist das durch konsequente Anwendung des Leichtbaus. Einerseits erreicht man das durch den Einsatz von Leichtmetalllegierungen hoher Festigkeit, hochfester Stähle, Metallschäume, Sandwich- und Wabenstrukturen sowie Kunststofffaserverbunde, meist mit Kohlefaserverstärkung, hochfester keramischer Werkstoffe, keramischer Faserverbunde und Smart Materials, zum anderen durch die Erhöhung des Wirkungsgrades der Antriebsaggregate und den Wechsel der Energieträgerart wie z. B. bei der Elektromobilität.

Eine besondere Herausforderung des Leichtbaus bei Anwendungen von CFK-Bauteile in der Verkehrstechnik stellen geeignete Methoden zur Reparatur von Bauteilen und die Rückgewinnung der Kohlefasern dar [87].

2.6 Architektur und Bau

Für Baustoffe sind physikalische, chemische und biologische Eigenschaften charakterstisch. Untersetzt heißt das aber auch akustisches und optisches Verhalten, Korrosions-, UV- und Feuerbeständigkeit, biologische Abbaubarkeit und Allergenfreiheit. Es gelten entwicklungsbedingt vor allem solche Qualitätsmerkmale, die für die Baukonstruktion und insbesondere für die Werkstoffe im Bauwesen von Bedeutung sind. Sie gliedern sich in multifunktionale Anforderungen, wie:

- Optimierung des Energieeinsatzes bei der Herstellung und bei Nutzung von Bauwerken
- Erhöhung der Gebrauchsdauer
- Erhaltung und Umnutzung vorhandener Bausubstanz („Bauen im Bestand")
- Funktionalität der Baustoffe während ihrer Lebensdauer
- Wiederverwendbarkeit und Wiederverwertbarkeit („Nachhaltigen Bauens"), Baustoffrecycling
- Ökologische Werkstoffeigenschaften (CO_2-Bilanz, Energiebilanzen)
- Nachwachsende Rohstoffe für tragende Bauteile
- Technologische Werkstoffeigenschaften (Topfzeit, Verarbeitungstemperatur)

Daraus leiten sich die Forschungsschwerpunkte zum Einsatz moderner Werkstoffe im Bauwesen ab. Es sind u. a.:

- Beständigkeit der Baustoffe
- Oberflächenschutz von Bauwerken
- Anwendung technischer Textilien
- hochleistungsfähige Betone
- Klebeverbindungen und Faserverbundwerkstoffe
- Erdbebensicheres Bauen
- Wiederverwendung und Wiederverwertung von Baustoffen im Verkehrswegebau

Für das Bauwesen typische Werkstoffe sind:

1. *Mineralische Baustoffe*
   Bindemittel (Zement, Kalk, Gips), Zusatzmittel und Zusatzstoffe (Sande, Schlacken, Kies), Frisch- und Festbeton, Gesteine, Mörtel und Putze, Glas und keramische Baustoffe
2. *Metalle*
   Gusseisen, niedriglegierte Stähle für den Stahl-, Beton- und Spannbetonbau, hochlegierte korrosionsfeste Stähle, Nichteisenmetalle (Al, Zn, Cu und Legierungen)
3. *Organische Baustoffe*
   Kunststoffe, Holz und Holzwerkstoffe

   Besonderheiten beim Einsatz dieser Baustoffe sind ihre Brennbarkeit (Feuerbeständigkeit, Flammpunkt, Brennbarkeit, Flammschutz, bei Kunststoffen insbesondere die Zersetzungstemperatur), speziell bei Holz der Holzschutz und Holzschäden.

Neben dieser stofflichen Einteilung ergibt sich ein zweiter Gesichtspunkt in der Zweckbestimmung, wie Funktion, Konstruktion und Anwendung.

2.6.1 Anwendungsfälle

2.6.1.1 Neuartige Betone

Zement bildet die Grundlage für die Herstellung aller Betonsorten, durch Zufügen von Gesteinskörnung, Zusatzstoffe und Wasser. Die Zusammensetzung von Beton erscheint relativ einfach. Trotzdem müssen die Anteile der einzelnen Komponenten und die Technologie zur Verarbeitung genau bekannt sei, um die beabsichtigten mechanischen Eigenschaften und das Wasser-Zement-Verhältnis des Betons zu garantieren. Die Einhaltung der Beton-Rezepturen und die Qualität der damit hergestellten Erzeugnisse müssen geprüft und verifiziert werden.

Ein Auslöser für die Entwicklung neuer Zementsorten ist die Tatsache, dass die traditionelle Zementproduktion nahezu 8 % des weltweiten CO_2-Ausstosses verursacht, bedingt durch das Brennen von Kalkstein ($CaCO_3$). Wenn es gelingt, einen Teil des Kalziumoxides durch alternative Stoffe, wie Flugasche aus der Kohleverbrennung oder Schlacken aus dem Hochofenprozess zu substituieren, dann fällt die CO_2-Bilanz günstiger aus. Die Substitute erreichen bisher noch nicht die Kennwerte von Eisenportlandzement. Das bedeutet sowohl die Erprobung neuer Rezepturen als auch die Untersuchung des Langzeitverhaltens der Betone.

Variationen des Normalbetons lassen sich durch Einbau von Zusatzstoffen wie Fasern und porösen Massen, aber auch Einschluss von Luftblasen erreichen. Geeignete Faserwerkstoffe sind Kohle- und Glasfasern, sowie Kunststofffasern.

Nach Auffassung der Fakultät Bauingenieurwesen der TU Dresden gehören zu den Hochleistungsbetonen insbesondere selbstverdichtender Beton, Faser und Kurzfaserbetone, sowie textilbewehrter Beton. Genauer differenzieren muss man aber in Hochleistunsgsbeton (HPC) und Hochfestbeton (HSC), wobei bei den HPC die chemische Beständigkeit im Vordergrund steht.

Umfangreiche betontechnische Daten enthält die von der *Fa. Heidelbergcement* herausgegebene Schrift [88].

2.6.1.2 Glas als Baustoff

⇨Glossar: (19) Glas als Baustoff

Nahezu 90 % des im Bauwesen verwendeten Flachglases ist das Floatglas. Werkstoffbasis für Floatglas bildet Siliziumdioxid (SiO_2), Soda (Na_2CO_3) und Kalkstein ($CaCO_3$) und Dolomit ($MgCO_3$). Es handelt sich hierbei um ein Silikatglas, auch als Bauglas bezeichnet. Andere Glassorten entstehen durch Variation der zugesetzten Metalloxide, wie Manganoxid (MnO_2), Bleioxid (PbO), Aluminiumoxid (Al_2O_3) und Nichtmetalloxide, z. B. Bortrioxid (B_20_3). Für die Bautechnik interessante Glasprodukte sind in ◘ Tab. 2.18 aufgeführt.

Für eine Anwendung des Werkstoffes Glas im Bauwesen entscheidende Eigenschaften sind die hohe Härte, die geringe Zugfestigkeit, hohe Korrosionsbeständigkeit und Transparenz für Licht im sichtbaren Bereich. Entsprechend der Einsatzfelder besteht die Möglichkeit durch Variation in der chemischen Zusammensetzung, im Behandlungszustand und durch Kombination mit anderen Werkstoffen, z. B. in Form Verbunden, Gläser zu optimieren. Eine Übersicht der Technologie zur Glasherstellung zeigt ◘ Tab. 2.19.

Durch Substitution der Erdalkalioxide CaO und MgO mit ca. 13 % B_2O_3 entstehen Borsilikatgläser. Sie zeichnen sich sowohl durch hohe Temperaturwechselbeständigkeit als auch chemische Beständigkeit aus. Aus diesem Grunde kommen sie als Brandschutzglas zur Anwendung.

Das Bruchverhalten von Glas kann durch Erhöhung der Biegezugfestigkeit durch eine thermische Vorspannung verändert werden. Das auf 600 °C erhitzte Flachglas kühlt man durch Anblasen mit kalter Luft rasch ab. Bei hoher thermischer Vorspannung (ESG) führt das im Falle der Zerstörung zum Krümelbruch, bei

Tab. 2.18 Glasprodukte für die Bauindustrie

Glasprodukt	Anwendungsform	Weiterentwicklung
Hohlglas	Glasrohr	
Flachglas	Floatglas	Glas mit besonderen optischen Eigenschaften, Mehrscheiben-Isolierglas
	Sondergläser, TVG, ESG	Glas mit Sicherheitseigenschaften (Verbundsicherheitsglas)
	Gussglas	
Pressglas	Glassteine	
	Betonglas	
	Glasdachsteine	
Dämmstoffe	Glasfaser (Kurzfaser)	
	Schaumglas	
	Blähglas	
Glasfaser	glasfaserverstärkte Kunststoffe	
	Glasgewebe für Putzträger	
	glasfaserverstärkter Beton (Wellplatten, Fassadenelemente)	

geringer thermischer Vorspannung (TVG) entstehen großflächigere Bruchstücke. Somit entsteht ein Sicherheitsglas durch eine spezielle thermische Behandlung. Ein anderer Weg zu Sicherheitsglas führt durch Laminieren von Glas mit PVB (Polyvinylbutyral) zum Verbundsicherheitsglas (VSG), wie Abb. 2.54 zeigt. Es zeichnet sich durch Splitterbindung und Resttragfähigkeit aus.

Neben der üblicherweise eingesetzten Polyvinylbutyral (PVB)-folien kommen Folien aus Ethylenvinylacetat (EVA), Polyamid (PA) und Polymethylmethacrylat (PMMA) zur Anwendung.

Sicherheitsglas mit einer Stärke von mehr als 25 mm ist das Panzerglas z. B. für Schaufenster und Vitrinenverglasungen. Verbundsicherheitsglas kann aus Kombinationen verschiedener Glastypen, wie z. B. Floatglas, ESG und TVG bestehen.

Der Begriff Isolierglas bezieht sich auf Wärmeschutz- und Schallschutzverglasungen, sowie Einbruchschutzglas. Eine Wärmeschutzverglasung, entsprechend Energieeinsparverordnung (EnEV),

2

Tab. 2.19 Technologische Schritte der Glasherstellung

Stufe	Technologischer Schritt
1	Herstellung des Gemenges *Mahlen, Mischen der Rohstoffe*
2	Schmelzen
3	Formgebung *Pressen, Gießen, Ziehen, Hohlformblasen, Floating*
4	Entspannungskühlen
5	Nachbearbeitung *Trennen, Schleifen, Polieren, Läppen, thermisch Vorspannen*
6	Oberflächenveredlung *Beschichten*

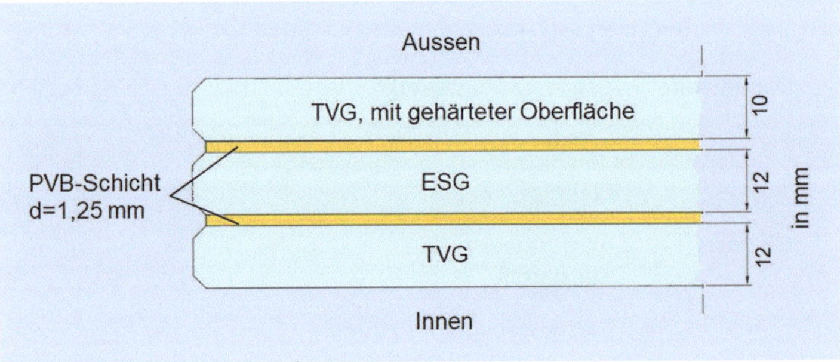

Abb. 2.54 Typische Schichtfolge eines begehbaren Verbundsicherheitsglases

besteht mindestens aus zwei Scheiben, die meist einen Abstand von 8–16 mm haben und durch einen Randverbund mechanisch fixiert sind. Den Randverbund bildet ein Abstandshalter aus perforiertem korrosionsfesten Metall oder thermoplastischem Kunststoff, einer Füllung mit Zeolith und einer Verklebung mittels Polyisobutylen. Durch eine Gasfüllung, meist Argon, seltener Krypton, im Scheibenzwischenraum vermindert sich die Wärmeleitung.

Die technische Kennzahl für den Wärmeverlust von Verglasungen, auch Ug-Wert genannt, liegt bei einer Einfachverglasung bei rund 5,8 W m^{-2} K. Mit einem Dreifach-Wärmedämmglas liegt der Wert bei nur noch 0,7 W m^{-2} K. Der geringere Wärmeverlust macht sich direkt bei den Heizkosten bemerkbar. Sinkt der Ug-Wert nur 0,1 W m^{-2} K, kann man pro Quadratmeter Fensterfläche einen Liter Heizöl jährlich sparen.

Mit einer dünnen Metallbeschichtung (ca.10 nm) lässt sich der Verlust durch Wärmestrahlung, gegenüber unbeschichtetem Glas von ca. 85 % auf ca.4 % reduzieren, ohne dabei die Durchlässigkeit für Licht im sichtbaren Bereich zu vermindern (Low-E-Glas). Es eignen sich Schichten aus Silber, Kupfer oder Gold. Ein möglicher Schichtaufbau für ein Low-E-Glas (Low Emissivity Glass) besteht in einer Kombination von Silber- und Zinnoxidschichten. Das Zinnoxid (Blockerschicht) bewirkt eine Entspiegelung der Silberschicht und dient weiterhin als Haftvermittler und Schutz für die Silberschicht, wobei Schichtdicken von 70–80 nm üblich sind. Die Metallschichten bewirken eine hohe Transmission für sichtbares Licht und ein hohes Reflexionsvermögen für Infrarot. Darüber hinaus ermöglichen es neuere Forschungsergebnisse schaltbare elektrochrome- (Smart Glass) und antischmutz-Beschichtungen herzustellen.

Als ein Nebeneffekt der Metallbeschichtung tritt auch eine Abschirmung von Funkwellen ein. So lässt sich eine Dämpfung von bis zu 30 dB bei Frequenzen moderner Mobilfunktelefone erreichen, was einer Abschirmung von nahezu 99 % entspricht.

Brandschutzgläser bestehen aus Mehrschichtgläsern und haben besondere Sicherheitsbedingungen zu erfüllen. Sie sind beständig gegen hohe Temperaturen, verringern Wärmedurchgang und sind splitterfest. Brandschutzglas wird in zwei Klassen unterteilt. Es handelt sich um die Klassen F und G. F steht für feuerbeständig bzw. feuerhemmend und G für vorgespannte Gläsern

2.6.1.3 Glas als Konstruktionswerkstoff

Möglichen Anwendungen sind bei einer materialgerechten Planung Tragkonstruktionen mit gläsernen Scheiben, Stützen und Balken, unter der Voraussetzung, dass der Werkstoff Glas mit dem für andere Baustoffe geltendem Sicherheitsniveau verglichen werden kann [89]. Ein anschauliches Beispiel zeigen die ◘ Abb. 2.55, 2.56 und 2.57.

Eine Weiterentwicklung hat Glas als Konstruktionswerkstoff durch die Anwendung spezieller Fügetechniken erfahren. Glasbalken bestehen meist aus 3-fach-VSG, aus einer tragenden ESG-Scheibe sowie zwei weiteren Schutzscheiben aus ESG oder TVG. Untergespannte Konstruktionen realisieren die Lasteinleitung über Lochleibungsverbindungen. Entsprechende Bolzen werden nachträglich in die Bohrungen eingeklebt. Die Lasteinleitung erfolgt über Lochleibung oder Kontakt an den Auflagern.

2.6.2 Nachwachsende Baustoffe

Baustoffe aus nachwachsenden Quellen sind wieder verstärkt in das Interesse der Baustoffindustrie gerückt. Neben ökologischen Aspekten sind es auch neuartige Produkte und Verfahren, die zu neuen Bauweisen führen. Obwohl nachwachsende Baustoffe in der Entwicklung der menschlichen Gesellschaft schon immer präsent waren, kommt es im Zuge einer allgemeinen Rückbesinnung

◘ **Abb. 2.55** Fassadengestaltung, Torgau Kleine Galerie Pfarrstr. 5, (Foto HSM Hofmann)

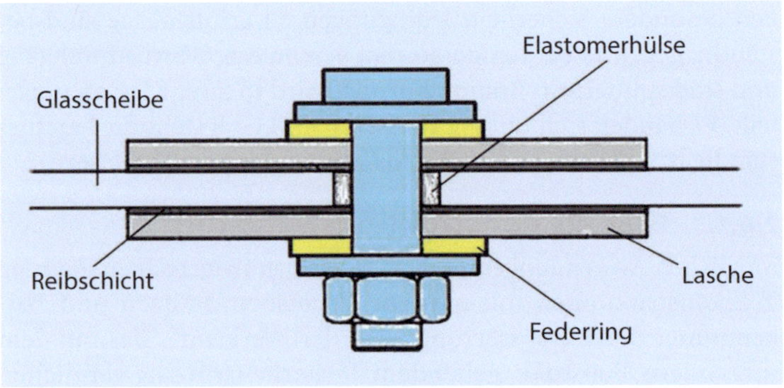

◘ **Abb. 2.56** Schematische Darstellung einer Lochlaibung

zur Nutzung umweltfreundlicher Werkstoffe und damit zur Nachhaltigkeit des Bauens. Neben dem als Konstruktionswerkstoff verwendetem Holz gehören insbesondere Dämmstoffe, Bodenbeläge und Anstrichsysteme in die Gruppe der nachwachsenden Rohstoffe [90]. Sie besitzen zahlreiche günstige Eigenschaften, wie:

- hohe Verfügbarkeit
- geringerer Energiebedarf für ihre Herstellung im Vergleich zu Kunststoffen, Metallen und Beton
- ausgeglichene CO_2-Bilanz
- physiologische Unbedenklichkeit

In ◘ Tab. 2.20 sind Rohstoffpflanzen und die daraus hergestellten Produkte für das Bauwesen in einer Auswahl zusammengefasst.

Für den Einsatz dieser Werkstoffe lässt sich keine Maximierung der positiven Eigenschaften erreichen, da immer auch nega-

Abb. 2.57 Anwendung von punktgelagerten Verglasungen bei Fassadenelementen (Foto HSM Hofmann)

tive Faktoren wirken. Beispielsweise führt die Nutzung von Tropenholz zwar zu einer günstigen CO_2-Bilanz, ist aber ökologisch höchst bedenklich; gleicher maßen zu bewerten ist der Anbau von z. B Raps und Palmöl in Monokultur. Jeder nachwachsende Baustoff besitzt also eigene material- und umweltspezifische Eigenschaften.

2.6.3 Baustoffrecycling

Die Verwertung von Abfällen aus der Bauwirtschaft führt zu einer ressourcenschonenden und auf Nachhaltigkeit ausgerichteten Kreislaufwirtschaft. Im Zusammenhang mit solchen Abfälle, die

2

Tab. 2.20 Nachwachsende Rohstoffe und daraus hergestellte Bauprodukte

Rohstoffpflanzen	Bauprodukte
Faserpflanzen(z. B. Flachs, Hanf)	Dämmstoffe, Seile, Dichtungsmaterial, Formpressteile, Faserzementplatten, Pressspanplatten, Zuschlagstoff für Fließestrich, Trockenmörtel, Tapeten
Zellulosepflanzen (z. B. Holz, Holzabfälle, Miscanthus, Schilf)	Papier, Pappe, Zellstoff, Tapeten, Span- und Faserplatten, zement- bzw. gipsgebundene Leichtbauplatten, Schalungen, Holzbetonsteine, Lehmsteine, Lehmplatten, Dachpappen, Fußbodenunterkonstruktionen
Stärkepflanzen (z. B. Kartoffeln, Weizen, Mais)	Papier, Pappe, Verpackungen, Dämmstoffe, Gips-Kartonplatten, Mineralfaser-Platten, Bindemittel, Folien, Klebstoffe, Abbindeverzögerer für Beton
Ölpflanzen (z. B. Raps, Sonnenblumen, Ölein)	Schalöle, Biodiesel und Hydraulikflüssigkeiten für Baumaschinen, Farben, Lacke, Firnis, Lasuren, Linoleum
Zuckerpflanzen(z. B. Zuckerrüben, Zichorie)	Folie, Bindemittel, Trennmittel, Abbindeverzögerer für Beton, Farbstoffe, Klebstoffe, Leime
Färberpflanzen(z. B. Reseda, Krapp, Waid)	Farben, Lacke, Desinfektionsmittel, Holzschutzmittel
Nebenprodukte (z. B. Hanf-/Flachsschäben)	Bauplatten, Füllstoffe, Verbundstoffe

beim Bau, dem Abbruch von Gebäuden, aber auch etwa bei Bau von Verkehrswegen anfallen gilt es zu beachten:
- Die Beseitigung von Bau- und Abbruchabfällen sollte auf das unumgänglich notwendige Maß beschränkt bleiben und umweltgerecht erfolgen
- Nicht vermeidbare Abfälle sollten etwa durch recyclinggerechtes Konstruieren der Bauten, einen recyclinggerechten Baustellenbetrieb und einen recyclinggerechten Abbruch im Wirtschaftskreislauf gehalten werden.
- Die Entstehung solcher Abfälle sollte möglichst vermieden werden, etwa durch die Erhaltung bestehender Bausubstanz und auf lange Nutzungsdauer ausgelegte Konstruktionen (nach [91]).

Auf diese Weise lassen sich u. a. natürliche Rohstoffe und Deponieraum einsparen und die Ziele des Kreislaufwirtschaftsgesetzes oder des Deutschen Ressourceneffizienzprogramms (ProgRess II, März 2016) erreichen. Betrachtet man die Angaben aus dem Monitoringbericht Kreislaufwirtschaft Bau 2014 [92] ergibt sich für mineralische Bauabfälle nachfolgende Aufteilung, wie Abb. 2.58 zeigt.

Neben den in der Abbildung aufgeführten mineralischen Bauabfällen kommen weitere Abfallarten hinzu, wie Bitumen, Holz, Garten- und Parkabfälle, Eisen- und Buntmetallschrott. Nach ent-

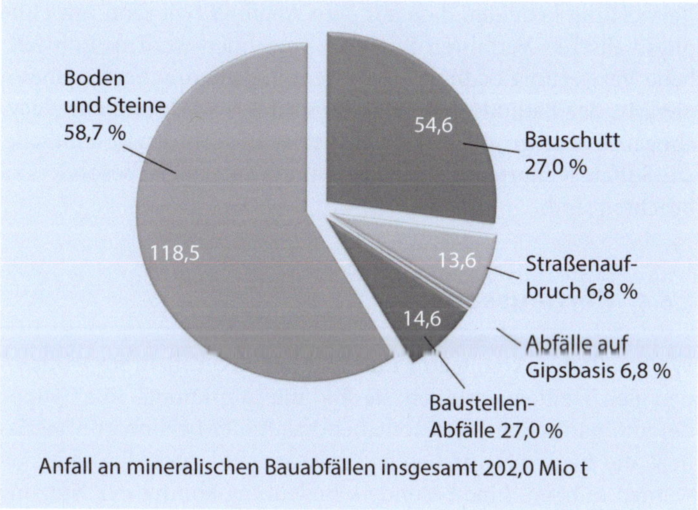

Abb. 2.58 Statistisch erfasste Mengen mineralischer Bauabfälle für das Jahr 2014

sprechender Aufbereitung führt das zu entsprechenden Produkten, den Recyclaten, wie Tab. 2.21 zeigt.

Beim Recycling ist grundsätzlichen zwischen werkstofflicher und rohstofflicher Verwertung zu unterscheiden. Werkstoffliche

Tab. 2.21 Abfallarten und daraus hergestellte Recyclate

Abfallart	Grundoperationen	Recyclat
Boden und Steine	Zerkleinern, Klassieren, Sortieren	Boden gemäß LAGA gesiebter Mutterboden
Straßenaufbruch	Zerkleinern, Klassieren	Asphaltbrocken (pechfrei) Fräsgut
Garten und Parkabfälle	Zerkleinern, Klassieren	Kompost
Metallabfälle (Armierung, Kabel, Rohrleitungen)	Zerkleinern, Sortieren	Fe-Schrott, Buntmetallschrott (sortenrein)
Altholz (behandelt, unbehandelt)	Sortieren, Zerkleinern	Hackschnitzel,
Bauschutt	Zerkleinern, Klassieren	sortiert, unsortiert
Abbruchmaterial	Sortieren, Zerkleinern, Klassieren	Ziegelgranulat, Betongranulat

Verwertung bedeutet, dass aus dem Abfall vorwiegend mit Hilfe physikalischer Verfahren Recyclate gewonnen werden. Rohstoffliche Verwertung bedingt die Anwendung chemischer Technologien. In der Bauindustrie steht zur Zeit das werkstoffliche Recycling im Vordergrund, wobei z. B. betonschädigenden Bestandteile, wie Sulfate, Chloride und alkaliempfindliche Anteile besonders zu beachten sind.

2.6.4 Kernaussagen

Werkstoffe für Architektur und Bau haben oft mehrere Funktionen gleichzeitig zu erfüllen, sie sind multifunktional. Die Gruppe der anorganischen Werkstoffe beinhaltet hier bevorzugt Materialien, die in der Natur bereits vorliegen und speziell aufbereitet werden müssen. Eine besondere Bedeutung kommt der Nutzung der Eigenschaften von Glas zu. Die Entwicklung von Sicherheitsverbundgläsern und der dazugehörigen Verbindungstechnik bringt eine wesentliche Erweiterung des Einsatzes von Glas als Konstruktions- und Funktionswerkstoff.

Aus der Gruppe der nachwachsenden Rohstoffe (organische Werkstoffe) haben Holz und Derivate als Konstruktionswerkstoff nach wie vor große Bedeutung, neben Dämmstoffen, Bodenbelägen und Anstrichsystemen.

Die Verwertung von Abfällen aus der Bauwirtschaft führt zu einer ressourcenschonenden und auf Nachhaltigkeit ausgerichteten Kreislaufwirtschaft. Damit sich das erreichen lässt, erfolgt die Aufbereitung solcher Abfälle zu Recyclaten mit definierten Qualitätsmerkmalen.

2.7 Neue Werkstoffe in der Medizin

In der Medizintechnik steigern neue Werkstoffe die Lebensqualität der Menschen erheblich, wie z. B durch langlebige und biokompatible Implantate. Die Veränderungen im Gesundheitssystem, wie höhere Ansprüche an die Gesundheitsvorsorge und die Therapie von Erkrankungen, Entwicklung neuer Diagnosemethoden und Innovationen in der Pharmaindustrie und das Ansteigen der Lebenserwartung, haben Auswirkungen auf Forschungsprojekte in der Werkstoffwissenschaft. Sind es doch die Werkstoffe, die durch maßgeschneiderte Eigenschaften neue medizinische Geräte und Instrumente ebenso möglich machen, wie neue Diagnoseverfahren. Die Bereitstellung von Produkten für medizinische Anwendungen ist ein wachsender Markt, der aufgrund der oft extrem kurzen Lebenszyklen seiner Produkte einem hohen

Innovationsdruck unterliegt. Die Medizintechnik ist ein Teilbereich des Life Science Engineering.

Die in der Medizin bevorzugt zur Anwendung kommenden Werkstoffe sind Biomaterialien im Sinne der VDI-Richtlinie 5701 (s. u.); dazu zählen u. a. Dauerimplantate oder temporär eingesetzte Katheter ebenso wie der Zahnersatz oder Gerüststrukturen für künstlichen Gewebeersatz im Bereich der regenerativen Medizin. Die biologische Umgebung ist für die eingesetzten Materialien mit zahlreichen Herausforderungen verbunden, wie Entzündungen, Gewebsschädigungen oder Infektionen im Umfeld des Implantates.

In den traditionellen Werkstoffklassen Metalle, Keramiken und Kunstoffen finden sich auch Biomaterialien. Hinzu kommen noch biomolekulare Werkstoffe und letztendlich die Verbundwerkstoffe. Metalle, wie Edelstahl und Titan werden für medizinische Instrumente und Implantate eingesetzt. Biokeramiken spielen eine wesentliche Rolle als bioaktive und bioresorbierbare Knochenersatzwerkstoffe. Im Bereich der Kunststoffe gewinnt die Entwicklung und Verarbeitung von Biopolymeren an Bedeutung.

2.7.1 Medizinprodukte

Die Richtlinie VDI-5701 gibt folgende Definition des Begriffes Medizinprodukt:

> *„Instrument, Apparat, Vorrichtung, Stoff oder anderen Gegenstand einschließlich der für ein einwandfreies Funktionieren des Produkts eingesetzten Software oder eine Kombination der Elemente zur Anwendung für oder am Menschen."* [93]

Im SPECTARIS-Jahrbuch [94] findet man eine Aufschlüsselung von Produkten für medizintechnische Anwendungen. Daraus lässt sich eine grobe Einteilung in nachfolgende Kategorien ableiten:

- Diagnosesysteme:
  Analysegeräte
  bildgebende Verfahren (Kernspintomograph, Röntgenapparaturen und Zubehör)
- Instrumente, Medizinartikel und Hilfsmittel:
  Chirurgische Instrumente,
  Apparate und Geräte in der Dentaltechnik
  Augenärztliche Instrumente
  Apparate und Vorrichtungen für Orthopädische Zwecke
  Pflaster, Verbandsmaterial, Nahtmaterial
  Nadeln, Katheder, Kanülen, Zangen, Skalpelle u. a. m.
  Hygienezubehör (Sterilisationsapparate, Masken, Bekleidung)

- Materialien für Ersatzsysteme, die im direkten Kontakt mit menschlichem Gewebe stehen:
  Künstliche Gelenke, andere Prothesen
  Organersatz (Augenlinse, Haut)
  Künstliche Organe (Niere, Herz, Lunge)
  Dentalprothetik
  Herzschrittmacher
  Insulinpumpe
  Tissue-Engineering
- Gerätetechnik:
  Transfusions- und Infusionsgeräte
  Atmungsapparate und Geräte (Aerosoltherapie)
  Apparate und Instrumente für die Anästhesie
- Ausstattung:
  Möbel für Medizin und Chirurgie (OP-Tische, Behandlungsstühle)
  Klinikbetten
  Rollstühle und Zubehör

Nach wie vor bilden Metalle, Keramiken und Kunststoffe die werkstofftechnische Grundlage für die Herstellung moderner medizintechnischer Produkte. Schwerpunkte der Forschungsarbeiten auf diesem Gebiet konzentrieren sich insbesondere auf die Entwicklung biokompatibler Werkstoffe, welche die physiologische Unbedenklichkeit sowie biochemische Indifferenz garantieren. Besonders bei Implantaten spielt die Durchwachsbarkeit und das Adsorptions- und Permeationsverhalten eine wichtige Rolle für ihre Lebensdauer.

Ein anderer Gesichtspunkt ist die Entwicklung und der Einsatz abbaubare Biomaterialien für z. B. Nahtmaterial, Knochenschrauben und bei der Medikamentfreisetzung (Controlled Drug Delivery System). Erfüllt der in Frage kommende Grundwerkstoff eine der genannten Anforderungen nicht, besteht die Möglichkeit, dies durch die gezielte chemische und strukturelle Veränderung der Oberfläche mit der Ausbildung eines Interface und damit einen funktionalisierten Werkstoff zu erreichen.

Aus der Vielzahl neuer medizintechnischer Anwendungen soll an Hand von Fallbeispielen biokompatibler Werkstoffe die Umsetzung dieser Strategie gezeigt werden [95].

2.7.2 Fallbeispiele

2.7.2.1 Metalle und Metalllegierungen

Die für biokompatible Anwendungen eingesetzten Metalle entstammen der Gruppe der Übergangselemente. Die klassischen Metalle Gold, Silber, Platin und Palladium sowie deren Legierungen werden zunehmend substituiert durch die unedleren Metalle und deren Legierungen. Letztere können auf ihrer Oberfläche eine Reaktionsschicht bilden, wie z. B. eine Oxidschicht. Solche Schichten lassen sich zusätzlich mikrostrukturieren und hydrophilieren.

Ein anderer Gesichtspunkt für die Anwendung von Metallen in der Medizin ist die Unterscheidung in resorbierbare und nicht-resorbierbare. Ein Beispiel für resorbierbare Metalle ist das Magnesium und seine Legierungen, wie z. B. die intermetallischen Phasen $MgLi_4Al_4Nd_2$ oder MgY_{13}. Sie finden Anwendung für resorbierbare vaskuläre Stents, weil sich die ausgebildete Hydroxidschicht in wässrigen Anteilen des Gewebes auflösen kann. Ein anderes Basiselement für bioabsorbierbare Knochenersatzmaterialien ist das reine Eisen bzw. Legierungen, wie Fe-Ag-P.

⇨Glossar: (18)
Intermetallische Phasen

Bei den hochlegierten Stählen mit dem Hauptlegierungselement Chrom und in den Kobalt/Chrom-Legierungen, siehe ◘ Tab. 2.22, handelt es sich um eine in ihrem biokompatiblen Verhalten gut untersuchte Werkstoffklasse [96]. Aus den angegebenen Stahlmarken geht die Zusammensetzung nur teilweise hervor. Auf Grund der Vielfalt der Legierungen nennt die Norm auch nur Bereiche.

Die Norm ISO 5832 gibt Bereiche für die quantitative Zusammensetzung der vorzugsweise in der Endoprothetik verwendeten Kobaltbasislegierungen entsprechend ◘ Tab. 2.23 an.

Titan und Titan-Legierungen (◘ Tab. 2.24) induzieren von allen metallischen Werkstoffen am wenigsten die Blutgerinnung. In den letzten Jahren wurden deshalb Titan-Legierungen mit verbesserten Eigenschaften entwickelt.

Polymorphie des Titans: Titan kann in zwei Modifikationen vorliegen, abhängig von Temperatur und Legierungselementen:
α Ti (hexagonal)
β Ti (kubisch raumzentriert)

Die Werkstoffe aus Zeile1, 2 und 3 gehören zur Gruppe der (α + β) -Ti-Legierungen, die Werkstoffe Zeile 4 zur Gruppe der (β)-Ti-Legierungen. Die Modifikationen unterscheiden sich im mechanischen Verhalten und der Korrosionsfestigkeit. α-stabilisierende Legierungselemente sind hauptsächlich Aluminium, β-stabilisierend Vanadium und Molybdän.

◘ Tab. 2.22 Biokompatible Stahllegierungen

Legierung	Anwendung
X2CrNiMo18-15-3	Implantate, Schrauben, Platten, Nägel, Stents, Klammern
X2CrNiMnMoNbN	Endoprothesen, Platten, Marknägel, Schrauben, interne Fixationssysteme
CoCr20W15Ni10	Endoprothesen, zahntechnische Implantate, Herzschrittmachersonde
CoNi35Cr20Mo10	Knochen- und Gelenkersatz, Herzklappen, Stents

Tab. 2.23 Zusammensetzung von Kobaltbasislegierungen

Bestandteil	Anteil/%
Kobalt	30–69
Chrom	18–30
Molybdän	0–10,5 meist <1
Nickel	9–37
Eisen	0,75–8
Mangan	0,15–2,5
Wolfram	0–16
Titan	1–3,5

Tab. 2.24 Biokompatible Werkstoffe auf Titanbasis

	Werkstoff	Anwendung
1	Reintitan nach DIN EN ISO 5832-2	dentale- und chirurgische Implantate, Knochenersatz (Ti-Schaum)
2	$TiAl_6V_4$	Osteosynthese, Endoprothesen, Zahnimplantate, poröse und modulare Implantate
3	$TiAl_6Nb_7$	Osteosynthesesysteme z. B. Wirbelsäulen-, Fuß- und Gelenkchirurgie
4	$TiMo_{15}Zr_5Al_3$ und $TiMo_{12}Zr_6Fe_2$	Orthopädische Prothesen, Hüftendoprothesen, Dentalimplantate

Titan mit einer Reinheit >99 %, bezeichnet als Reintitan, unterteilt in 4 Grade, ist der Basiswerkstoff für Zahnimplantate. Neben der geforderten Festigkeit und der Gewebeverträglichkeit muss das Implantat eine geeignete Oberflächenbehandlung erfahren. ICX-templant®-Implantate der Firma medentis medical GmbH, Abb. 2.59, sind sandgestrahlt und hochtemperaturgeätzt. Dadurch kann man die osteophile Oberflächenmorphologie mit einer bimodalen Strukturierung zur zuverlässigen biologischen und mechanischen Verankerung des Knochens mit dem Werkstoff im Mikrobereich erreichen.

Die Abb. 2.60 zeigt die Abfolge zur Anfertigung des Zahnersatzes unter Verwendung eines Ti-Implantates.

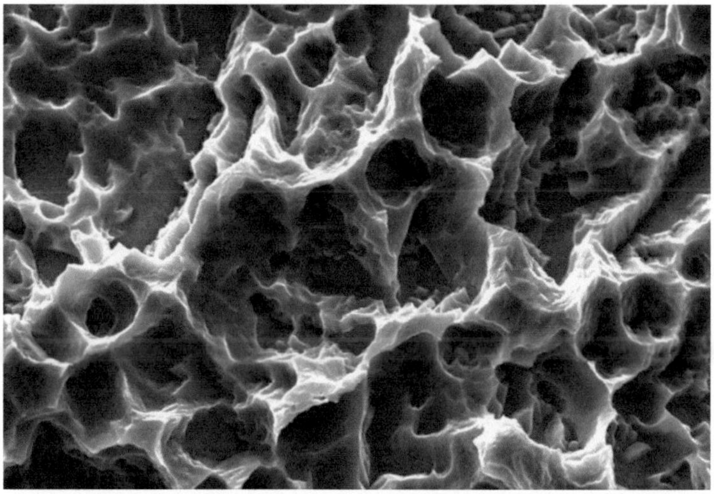

■ **Abb. 2.59** REM-Aufnahme eines oberflächenbehandelten Ti-Implantates (Foto medentis medical GmbH)

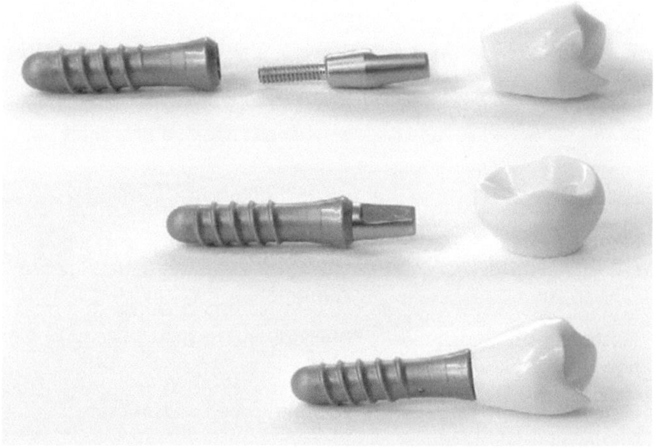

■ **Abb. 2.60** Zahnersatz aus Titan mit Keramikkrone (Bild Forumklinik Zahnärzte Dr. Tegtmeier Parrtner)

2.7.2.2 Nichtmetallische anorganische Werkstoffe

Keramik und Glas sind weitgehend bioinert, da sie als Isolatoren nicht der elektrochemischen Korrosion unterliegen, wie die Metalle. Sie haben eine beachtliche Druckfestigkeit und hohe Abriebbeständigkeit. Auf Grund des Sinterverfahrens zur Herstellung von Keramiken sind sie porös und eignen sich darum für die Fixierung im Gewebe. Keramische Werkstoffe, wie ■ Tab. 2.25 zeigt, werden inzwischen auch als Endoprothesen erprobt und z. T. bereits klinisch eingesetzt [94].

Biogläser bestehen, wie ■ Tab. 2.26 zeigt, aus den Komponenten SiO_2 (45 %), Na_2O (24,4 %), CaO (24,4 %) und P_2O_5 (6 %) mit

Tab. 2.25 Keramische Biomaterialien

	Werkstoff	Anwendung
1	Al_2O_3	Orthopädische Implantate, z. B. Kugelköpfe, Inlays, Implantatbeschichtungen
2	ZrO_2	Orthopädische Implantate, Dentalimplantate
3	Si_3N_4, SiC	Knochenschrauben
4	AlN	Chirurgische Messer, Bauteile für Dialysemaschinen
5	TiB_2	Beschichtung für Endoprothesen
6	Kalziumphosphate, wie MCPN Monokalziumphosphat-Monohydrat ($Ca(H_2PO_4)_2 \cdot H_2O$)	Knochenersatzmaterial

1 und 2 = Oxidkeramiken, 3 = Silikatkeramiken, 4 und 5 = Nichtoxidkeramiken

Tab. 2.26 Gläser und Glaskeramiken in der Medizintechnik

Werkstoff	Anwendung
Bioglas (SiO_2 (80 %), CaO (17 %) und P_2O_5 (3 %)	Knochenfüllmaterial in der Dentalchirurgie, Implantate in der Gesichtschirurgie
Glaskohlenstoff (fullerenartige Mikrostruktur) (⇨ 2)	Biomedizinische Geräte (SIGRADUR®)
Lithium-Disilikat-Glaskeramik ($Li_2Si_2O_5$)	Dentale Kronen und Brücken

denen es zur Chemisorption mit dem Knochengewebe kommt. Durchläuft das Glas einen zweistufigen Schmelzprozess bildet sich die sogenannte Glaskeramik (zweiphasig).

2.7.2.3 Nichtmetallische organische Werkstoffe

Eine Implantation von organischen Polymeren in den menschlichen Organismus führt zu einer Reaktion des Immunsystems, im Wesentlichen bedingt durch die Biomaterial-Gewebe-Interaktion. Die Körperreaktion auf „Kunststoffimplantate" entspricht der allgemein bekannten Reaktion auf Fremdkörper. Zellen des Immunsystems, wie Makrophagen und Leukozyten, greifen durch Bildung von Sauerstoffradikalen (oxidativer Burst) und deren Folgeprodukten jeden Kunststoff, auch PTFE an. In einem Beitrag von *Henze* u. a. [97] sind die Degradationsmechanismen des Abbaus von Kunststoffen durch Wechselwirkung mit körpereigenen Substanzen und den dabei entstehenden Abbauprodukten anschaulich beschrieben. Das grundsätzliche Problem beim Einsatz von Kunststoffen in der Medizin besteht im Vergleich zu metallischen und keramischen Werkstoffen darin, dass sie altern. In Abhängigkeit von der Temperatur, der Konzentration der Wirksubstanzen (z. B. Enzyme) im menschlichen Körper, der Verweildauer, der Einwirkung mechanischer Spannungen u. a. m. kann es zum Kettenbruch in den Makromolekülen kommen. Eine mögliche Einteilung biokompatibler Kunststoffe gibt die ◘ Tab. 2.27. Die reine Biokompatibilität bzw. In-vitro-Toxizität eines Materials lässt sich durch einen in der DIN EN ISO 10993-5 (2009) genannten Test bestimmen.

Die meisten heutzutage in der klinischen Anwendung benutzten Polymere wurden nicht gezielt für die Medizin entwickelt. Ausnahmen sind abbaubare Biomaterialien, wie die aliphatischen (Co)-polyester, die der menschliche Körper hydrolytisch abbaut. Von vornherein sind die inkompatiblen Polymeren von der weiteren Betrachtung ausgeschlossen. Eine wichtige Gruppe von resorbierbaren Polymeren sind die

- Polyhydroxycarbonsäuren, wie z. B. Polyhydroxyessigsäure (Polyglykolid, PGA), und
- Polymilchsäure (Polylactid, PLA), deren Copolymere sowie deren höhere Homologe, wie z. B. Poly(3-Hydroxybutyrat) P(3-HB) und Poly(3-hydroxyvalerat) (P(3-HV) und deren Copolymere.

Ebenfalls Einzug gehalten haben biodegradierbare Materialien (◘ Tab. 2.28) in die minimalinvasive Chirurgie, wo Klemmen (clips) und Heftklammern (staples) aus Poly[(L-Lactid)-coglycolid] verwendet werden, und in die allgemeine Chirurgie, wobei es sich hier hauptsächlich um Schrauben und Stifte handelt. Auch im Rahmen der kontrollierten Freisetzung von Arzneistoffen an einem definierten Zielort (Controlled Drug Delivery System) [99] und insbesondere dem immer gewichtiger werdenden Tissue Engineering [100], gewinnen biodegradierbare Materialien auf der Basis von Polyhydroxycarbonsäuren an Bedeutung. In den ◘ Tab. 2.28 und 2.29 sind die biodegradierbaren und nicht degradierbaren Polymeren zusammengefasst

Tissue Engineering: (engl.) für Gewebekonstruktion, bzw. Gewebezüchtung, ist Überbegriff für die künstliche Herstellung biologischer Gewebe

2.7.2.4 Biomolekulare Werkstoffe

Nach der VDI Richtlinie 570116 „*..sind alle biotechnisch, gentechnisch oder anderweitig in veränderten Form hergestellten Materialien biologischer Herkunft.*“ biomolekulare Werkstoffe. Die Grundsubstanzen sind Nucleinsäuren, Proteine, Lipide und Kohlenhydrate. Sie finden Anwendung zur Herstellung von biomolekularen Bulkwerkstoffen und Biohybriden. Bulkwerkstoffe sind u. a. Seidenfi-

Tab. 2.27 Einteilung der Biokompatibilität von organischen Polymeren in Anlehnung an *Schenk* [98]

Biodegradierbare Polymere	Inkompatibel	Freisetzung von Substanzen in toxischen Konzentrationen oder von Antigenen, die Immunreaktionen hervorrufen
	Biokompatibel	Freisetzung von Substanzen in nicht-toxischen Konzentrationen
	Bioaktiv	Positive Interaktion mit Gewebedifferenzierung

Tab. 2.28 Biodegradierbare Polymere in der Medizin (Auswahl)

Werkstoff	Anwendung
Polyglykolid (PGA)	Resorbierbares Nahtmaterial, orthopädische Implantate
Polylaktid (PLA)	Resorbierbares Nahtmaterial, implantierbares Drug-Delivery-Systeme
Poly-g-Laktin 910 (90 % Glykolsäure + 10 % L-Milchsäure)	Chirurgische Netze
Poly (β-hydroxibutyrat) (PHB)	Resorbierbares Stentmaterial
Polyanhydride	Resorbierbare Implantate für die Osteosynthese
Polylysin	Nahtmaterial, Hautersatz
Polyglutaminsäure	Nahtmaterial, Hautersatz

brin (Membran für gesteuerte Geweberegeneration), Spinnenseide (Fäden zur Nervenrehabilitation), Fibrin (Wundkleber), Chitin (Wundbehandlung), Alginat (Verkapselung von Stammzellen). Von Biohybriden spricht man dann, wenn z. B. auf einer Metalloberfläche Proteine fixiert werden. Die dafür verwendeten Proteine können Keratin, Kasein und Heparin sein. Ein anderer Weg besteht im sogenannten „Tissue-Engineering" zur Gewinnung von Ersatzgeweben für erkrankte Organe durch Vermehrung von Spenderzellen in vitro. Spender und Patient können oft die gleiche Person sein.

2.7.3 Kernaussagen

Zu den Medizinprodukten gehören Materialien für Ersatzsysteme, die im direkten Kontakt mit menschlichem Gewebe stehen (Biokombatibilität) und Mittel für Diagnose, Versorgung und Pflege.

Tab. 2.29 Stabile, nichtdegradierbare Polymere (Auswahl)

Werkstoff	Anwendung
Polyethen (PE, UHMW)	Fixierte Inlays in der Hüft- und Schulterendoprothetik, fixierte oder mobile Inlays in der Knie- und Sprunggelenkendoprothetik
Polypropen (PP)	Nichtresorbierbares Nahtmaterial, chirurgische Netze, Drug-Delivery-Systeme
Polyethenterephthalat (PET)	Gefäßprothesen, Bandersatz, Skelett für Herzklappen
Polyvinylchlorid (PVC)	Katheder, Tuben zur Intubation, Blutbeutel
Polyamid (PA), Nylon	Nichtresorbierbares Nahtmaterial
Polytetrafluorethen (PTFE)	Gefäßprothesen, Barrierenmembran
Polymethylmethacrylat (PMMA)	Kontaktlinsen, Intraokularlinsen (siehe Abb. 2.61), Knochenzement, dentale Prothesen
Polyurethan (PUR)	Gefäßprothesen,
Thermoplastische Polyurethan (TPU)	Herzklappen, Katheder, künstlicher Meniskusersatz
Polyetheretherketon (PEEK)	Implantate in der Wirbelsäulen-, Kiefer- und Gesichts-, Dental- und Orthopädietechnik
Cyanoacrylat	Wundkleber
Silikonkautschuk	Katheder, Prothesen (Fingergelenkprothesen, Gliedmaßenprothesen)
Polysiloxan (Silikone)	Brustimplantate
Silicone Hydrogel (SiHy)	Weiche und kosmetische Kontaktlinsen
Zellulosederivate	Dialysemembranen

Im Vordergrund der Werkstoffentwicklung für die Medizintechnik steht die Biokompatibiltät. Unabhängig davon, ob es sich um Metalle, Keramiken, Kunststoffe, oder natürliche Makromoleküle handelt, muss ein Interface zwischen Gewebe und Werkstoff bestehen.

Die Entwicklung und der Einsatz abbaubare Biomaterialien z. B. für Nahtmaterial, Knochenschrauben und bei der Medikamentfreisetzung (Controlled Drug Delivery System) ist ein gleichwertiger Gesichtspunkt.

Controlled Drug Delivery System: System der Kontrollierten Arzeneimittelverabreichung

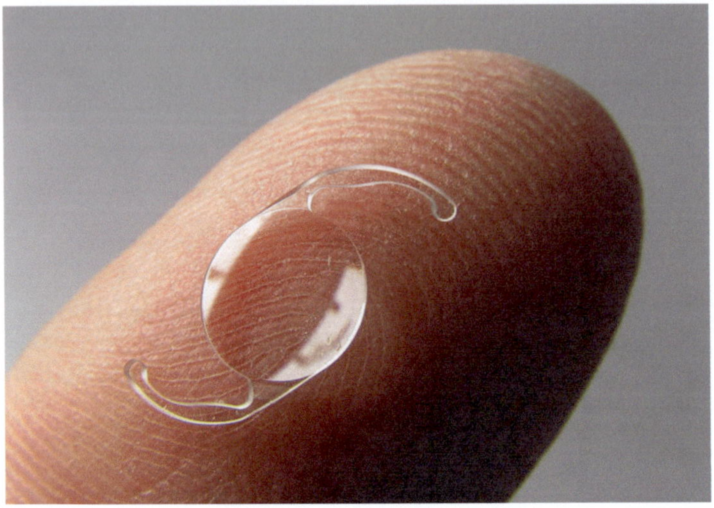

Abb. 2.61 Intraokularlinse aus PMMA (Gesamtlänge 13 mm, Durchmesser 6,0 mm). (Foto Frank C. Müller)

2.8 Zusammenfassung

Mit der Wahl von Anwendungsfeldern zur Darstellung Entwicklungen aktueller Werkstoffe wird es möglich, ihre Vielzahl auf die wesentlichen zu konzentrieren. Die Gesamtheit der Entwicklung rankt sich um die Bereitstellung und sinnvolle Nutzung von Energie; ausgelöst durch den Klimawandel infolge der menschlichen Erwerbstätigkeit. Den Hauptbeitrag zur Minderung der CO_2-Emission wird mit der Durchsetzung der Elektromobilität durch den Verzicht auf Kohleverstromung erreicht.

Ein Prinzip besteht in der Entwicklung von Werkstoffen mit geringerer Dichte unter Beibehaltung der anwendungsbedingten Eigenschaften, wie mechanische Festigkeit, thermische- und korrosive Beständigkeit. Aktuelle kommen nicht nur kompakte Werkstoffe, sondern zunehmend Sandwichstrukturen, Schaumwerkstoffe und Faserverbunde zum Einsatz.

Zum Komplex der Energienutzung gehört zunehmend die Bereitstellung „grüner Energie“ mit der Konsequenz ausreichender Speichermöglichkeiten. Neben den elektrochemischen Energiespeichern und den damit verbundenen Werkstoffentwicklungen haben Wärmespeichersysteme unter Nutzung von Phasenänderungen und Adsorptions- und Desorptionsmechanismen eine Zukunft.

Außerdem damit verbunden ist die Stromübertragung in intelligenten Netzen mit geringen Leistungsverlusten. Ermöglicht wird das z. B. durch Anwendung der HGÜ-Technik und Einsatz supraleitender Kabel. Die Entwicklung von Werkstoffen für LED in Leuchtmitteln mit hoher Lichtausbeute stellt einen weiteren Beitrag zur Einsparung elektrischer Energie dar.

In einer Verarbeitungseinheit, bestehend aus Sensor und Aktor, erfolgt die energieeffiziente Erfassung und Ausgabe von Informationen. Eine vielseitig verwendbare Werkstoffgruppe sind hierbei z. B. piezokeramische Werkstoffe.

Fortschritte in der Informationstechnik beruhen in erheblichem Maße auf dem Einsatz organischer Werkstoffe z. B. für OLEDs, der Entwicklung der Molekularelektronik. In Anzeigen und Speichern finden sich teure und seltene Metalle funktionsbestimmend wieder. Zur Übertragung der Daten in kabelgebundenen Netzen dient die Glasfasertechnik mit im Vergleich zu Kupferkabel bedeutend höheren Datenübertragungsraten.

Im Vordergrund der Werkstoffentwicklung für die Medizintechnik steht die Biokompatibiltät. Das gilt sowohl für die Anwendung von Metallen, Keramiken, Kunststoffen oder natürlichen Makromolekülen. Die Verknüpfung von Werkstoffen aus Informationstechnik, Sensorik und Aktorik sowie Fertigungstechnik ermöglich das umfassende Angebot moderner Medizintechnik.

Neben der Entwicklung neuer Werkstoffe sollte ein Umdenken beginnen, hinsichtlich des Recycling nicht mehr verwendungsfähiger Produkte mit dem Ziel der Erschließung neuer Rohstoffquellen.

Literatur

1. Gesetz und Verordnungsblatt. https://www.verkuendung-bayern.de/allmbl/jahrgang:2012/heftnummer:11/seite:640Dr. Zugegriffen im Feb. 2018
2. Der deutsche Strommix. https://1-stromvergleich.com/strom-report/strommix/. Zugegriffen im März. 2019
3. Lüttschwager F (2011) Rauchgasseitige Korrosion von Nickelbasislegierungen für zukünftige 700 °C-Dampfkraftwerke. Diss., TH Aachen
4. Okoinnovationen. https://ec.europa.eu/environment/ecoap/about-eco-innovation/experts-interviews/32_de. Zugegriffen im Feb 2019
5. Sonnenlichtkollektoren. https://commons.wikimedia.org/w/index.php?curid=23863182. Zugegriffen im Feb. 2019
6. Reiter C, Trinkl C, Zörner W (2011) Kompetenzfeld erneuerbare Energien. Hochschule. https://opus4.kobv.de/opus4-haw/files/4/2011-05_Abschlussbericht_komp.pdf. Zugegriffen im März. 2019
7. Erste Windkrafträder mit Polyurethan von Covestro. https://www.google.de/url?sa=t&rct=j&q=&esrc=s&source=web&cd=10&cad=rja&uact=8&ved=2ahUKEwiNwfP3uO3gAhXDMewKHUiwDz4QFjAJegQIABAB&url=https%3A%2F%2Fw3.windmesse.de%2Fwindenergie%2Fpm%2F29717-covestro-china-rotorblatt-test-harz-polyurethan-infusionsharz&usg=AOvVaw0VIXfOM8umh2glhW_GUEXm. Zugegriffen im März 2019
8. Messe K (2016) Schäume und thermoplastische Verbundwerkstoffe für den Leichtbau. https://www.fraunhofer.de/content/dam/zv/de/presse-medien/2016/Oktober/ForschungKompakt/fk10_2016_ICT_Leichte%20Rotorbl%C3%A4tter%20aus%20Kunststoffsch%C3%A4umen%20f%C3%BCr%20Offshore-Windr%C3%A4der.pdf. Zugegriffen im März 2019
9. Turm und Mast. https://www.wind-energie.de/infocenter/technik/konstruktiver-aufbau/turm-und-mast. Zugegriffen im März 2919

10. Schnurnberger W, Janßen H, Wittstadt U (2004) Wasserspaltung mit Strom und Wärme. http://www.fvee.de/fileadmin/publikationen/Themenhefte/th2004/th2004_03.pdf. Zugegriffen im März 2919
11. Lindinger M (2014) Energiewende im Wasserglas. Frankfurter Allgemeine. http://www.faz.net/aktuell/wissen/physik-mehr/saubere-wasserstoffgewinnung-energiewende-im-wasserglas-13192930.html. Zugegriffen im März 2019
12. Power-to-Gas – Schlüsseltechnologie für die Energiewende. https://www.ingenieur.de/technik/fachbereiche/energie/power-to-gas-schluesseltechnologie-fuer-die-energiewende/. Zugegriffen im März 2019
13. Lindner L (2009). http://www.buerger-fuer-technik.de/body_lithium-ionen-akkus_fur_pkw.html. Zugegriffen im Nov. 2018
14. https://www.ingenieur.de/technik/fachbereiche/e-mobilitaet/10-fakten-ueber-elektroautos/. Zugegriffen im März 2019
15. 10 Fakten über Elektroautos (2018) https://www.golem.de/news/quantino-elektrosportwagen-soll-mit-fluessigem-akku-1-200-km-fahren-1610-123609.html. Zugegriffen im Nov. 2018
16. Redox-Flow-Batterien. https://www.carmen-ev.de/sonne-wind-co/strom-speicher/batterien/315-akkutypen/650-redox-flow-batterien. Zugegriffen im Nov. 2018
17. Neuer Laufzeitrekord für Silizium-Luft-Batterie (2016). https://www.iwr.de/news.php?id=31753. Zugegriffen im März 2019
18. Bühler G (2000) Ultracaps – Eigenschaften und Einsatzgebiete. https://www.tu-braunschweig.de/Medien-DB/imab/09-Jahresberichte/2000/09_Buehler_2000.pdf. Zugegriffen im Nov. 2018
19. Superkondensatoren sind unschlagbar (2018). https://www.capcomp.de/kondensatoren/vergleich-ultracap-akku.html. Zugegriffen im Nov. 2018
20. ABB erhält Transformatorauftrag … ABB Corporate Communications, Zürich (2012). http://www02.abb.com/global/chabb/chabb118.nsf!OpenDatabase&db=/global/chabb/chabb122.nsf&v=1C2E&e=ge&url=/global/seitp/seitp202.nsf/0/53167E46A49BF423C1257AC30031C3BE!OpenDocument. Zugegriffen im März 2019
21. Habild S (2015) Erdverkabelung im Bereich der HGÜ-Leitungen. https://www.energie-innovativ.de/fileadmin/user_upload/energie_innovativ/Energiedialog/Dokumente/2015-01-17-Erdverkabelung-HGUE-Habild.pdf. Zugegriffen im März 2019
22. Elektromobilitätsgesetz – EmoG (2015). http://www.gesetze-im-internet.de/emog/EmoG.pdf. Zugegriffen im März 2019
23. Akkuvergleich: Die Energiedichte verschiedener Akkutypen. https://patona.de/blog/akkus/akkuvergleich-die-energiedichte-verschiedener-akkutypen. Zugegriffen im Jan. 2018
24. Lithium, U.S. Geological Survey, Mineral Commodity Summaries (2017). https://minerals.usgs.gov/minerals/pubs/commodity/lithium/mcs-2017-lithi.pdf. Zugegriffen im Nov. 2018
25. Dominik F (2007) Novel Materils. http://www.chemie.uni-r.de/Anorganische_Chemie/Vortrag/StudentenWS06-07/Vortrag_Frank.pdf. Zugegriffen im März 2019
26. Thermoelektrik-Halb-Heusler-Verbindungen …. (2014) http://netzkonstrukteur.de/thermoelektrik-halb-heusler-verbindungen-koennten-ein-kernkraftwerk-ersetzen/. Zugegriffen im Jan. 2019
27. Das Elektroauto (2012). https://www.emobilitaetonline.de/das-elektro-auto/68-kapitel-5-die-steuerungs-und-leistungselektronik. Zugegriffen im Feb. 2019
28. Xie JW, Fort D, Abell JS (2004) The preparation, microstructures and magnetostrictive properties of Samfenol-D. J Alloys Compd:242–247.

https://www.sciencedirect.com/science/article/pii/S0925838803006686. Zugegriffen im Jan. 2019
29. Bayer Material Scjience: Formgedächtnispolymer aus thermoplastischen Polyurethan. (2012) http://plasticker.de/news/shownews.php?nr=16692. Zugegriffen im April 2018
30. Janocha H (2013) Unkonventionelle Aktoren. Oldenbourg, München, S 201 ff
31. Reiss G, Brückl H, Hütten A (1999) Riesenmagnetowiderstand – Transfer in die Anwendung. https://onlinelibrary.wiley.com/doi/pdf/10.1002/phbl.19980540410. Zugegriffen im Sept. 2019
32. Aufbau und Funktion einer LCD-Zelle. www.elektronik-kompendium.de/sites/com/1909161.htm. Zugegriffen im Juni 2016
33. Hofmann H, Spindler J (2018) Werkstoffe in der Elektrotechnik. Hanser, München, S 303
34. https://www.cmb-systeme.de/technikwissen/aufbau-und-funktion-einer-lcd-zelle. Zugegriffen im Juli 2016
35. TFT-LCD: What is it? www.innolux.com/Pages/EN/Technology/TFT_LCD_EN.html. Zuggegriffen im Juli 2016
36. Dierschke F (2005) Entwicklung neuartiger stickstoffreicher Polyphenylene Diss., Uni. Mainz
37. Mietke D (2002) Organische Leuchtdiode – OLED. http://elektroniktutor.de/bauteilkunde/oled.html. Zugegriffen im März 2019
38. Hoffknecht A (2003) Elektronik der Zukunft, Mini-Delphi-Studie. Technologieanalyse VDI-Technologiezentrum, Düsseldorf. http://www.vditz.de/fileadmin/media/publications/pdf/band46.pdf. Zugegriffen im Nov. 2016
39. Was ist molekulare Elektronik? (2009). https://www.uni-heidelberg.de/institute/fak12/OC/hashmi/MCII/MCII/seminar/Was_ist_Molekulare_Elektronik_2009.pdf. Zugegriffen im Dez. 2018
40. Nanoröhre. https://de.wikipedia.org/wiki/Nanor%C3%B6hre. Zugegriffen im Nov. 2016
41. Zschieschang U (2006) Selbstorganisierende Monolagen als Gate-Dielektrika für organische Felsdeffekttransistoren. Diss., TU Bergakademie Feiberg wie [33], S 303
42. Geckeler S (1990) Lichtwellenleiter für die optische Nachrichtenübertragung. Nachrichtentechnik, Bd 16. Springer, Berlin
43. Weinert A (1990) Kunststofflichtwellenleiter. MCD, München
44. Lichtwellenleiter. https://de.wikipedia.org/wiki/Lichtwellenleiter. Zugegriffen im Okt. 2017
45. Glasfaser/Lichtwellenleiter LWL. https://www.elektronik-kompendium.de/sites/kom/0301282.htm. Zugegriffen im Okt. 2017
46. Abrao AM, Aspinwall DK, Wise MLH (1993) A review of polycrystalline cubic boron nitride cutting tool developments and application. In: Kochhar AK (Hrsg) Proceedings of the thirtieth international MATADOR conference. Palgrave, London
47. Produktevielfalt – für perfekte Ergebnisse. http://www.diatec-pforzheim.de/produkte.php. Zugegriffen im Okt. 2017
48. The ElementSix CVD Diamond Handbook. https://www.e6.com/en/products/next-generation-applications Zugegriffen im Aug. 2017
49. Beschichtungswerkstoffe für die Dünnschichttechnik. http://www.gfe.com/produktbereiche/beschichtungswerkstoffe/. Zugegriffen im Sept. 2017
50. vgl. DE 102 49 263 B4
51. Leitfaden Kleben – aber richtig, Industrieverband Klebstoffe. Düsseldorf. http://leitfaden.klebstoffe.com/index.php. Zugegriffen im Sept. 2017

52. Michel B. (2006) Auf Knopfdruch Kleben und Entkleben, Elektronik Praxis. http://www.elektronikpraxis.vogel.de/auf-knopfdruck-kleben-und-entkleben-a-46741/. Zugegriffen im Sept. 2017
53. Vorapplizierbare Klebstoffe aus dem Fraunhofer IFAM. https://www.ifam.fraunhofer.de/content/dam/ifam/de/documents/Klebtechnik_Oberflaechen/Klebstoffe_Polymerchemie/vorapplizierbare_klebstoffe_fraunhofer_ifam.pdf. Zugegriffen im März 2019
54. Übersicht 3D-Druck Verfahren. https://www.3d-solutions.at/rapid-prototyping-verfahren/. Zugegriffen im Sept. 2018
55. Additive Fertigung, Laser-Sintern und industrieller Druck – Vorteile und Funktionsprinzipien. https://www.eos.info/additive_fertigung/fuer_technologie_interessierte. Zugegriffen im Sept. 2018
56. Tailored Blank. https://de.wikipedia.org/wiki/Tailored_Blank. Zugegriffen im Okt. 2018
57. Jung A (2011) Offenporige nanobeschichtete Hybrid-Metallschäume: Herstellung und mechanische Eigenschaften, Universität des Saarlandes. https://publikationen.sulb.uni-saarland.de/handle/20.500.11880/22829;jsessionid=6128558B1C9A8B565F8104C5FCF8F83F. Zugegriffen im Okt. 2018
58. Slayter G (1962) Two phase materials. Sci Am 206:124–134
59. Quitter D (2014). Neues Verfahren zur Herstellung von Carbonfasern, Konstruktionspraxis. https://www.konstruktionspraxis.vogel.de/neues-verfahren-zur-herstellung-von-carbonfasern-a-433437/. Zugegriffen im Dez. 2018
60. Pietschmann B (2011) Elektrorheologische Flüssigkeiten auf Basis von mit ionischen Flüssigkeiten modifizierten Silica-Materialien. Diss., Uni. Würzburg. https://opus.bibliothek.uni-wuerzburg.de/files/6606/pietschmdiss.pdf. Zugegriffen im Nov. 2018
61. Wissenswertes – Das Fahrwerk. https://ueber-den-wolken.jimdo.com/wissenwertes/das-fahrwerk/. Zugegriffen im Nov. 2017
62. Pingstone A. (2006) A Virgin Atlantic Airbus A340-600. https://commons.wikimedia.org/wiki/File:Virgin.atlantic.a340-600.g-vyou.arp.jpg. Zugegriffen im Dez. 2017
63. http://www.navy.mil/view_image.asp?id=27116. Zugegriffen im Nov. 2017
64. Flugzeugfahrwerk. https://www.oerlikon.com/metco/de/industrien/luftfahrt/flugzeugfahrwerk/. Zugegriffen im Nov. 2017
65. Federal Aviation Administration (1990) Use of nitrogen or other inert gas for tire inflation in lieu of air. http://rgl.faa.gov/Regulatory_and_Guidance_Library/rgNPRM.nsf/2ed8a85bb3dd48e68525644900598dfb/8c17569ad3ded4128625694a005bb65d!OpenDocument. Zugegriffen im Nov. 2017
66. http://www.airliners.de/der-markt-fuer-flugzeugkabinen-waechst-mit-15-prozent-pro-jahr/6700. Zugegriffen im Jan. 2019
67. https://www.tuhh.de/fks/010_research/projects/simkab/index.html. Zugegriffen im Okt. 2017
68. Alle Produkte von ACM Aircraft Cabin Modification GmbH. http://www.aeroexpo.online/de/prod/acm-aircraft-cabin-modification-gmbh-171560.html. Zugegriffen im März 2017
69. Wird das Fliegen in der „Holzklasse" besser? (2017) https://www.n-tv.de/reise/Wird-das-Fliegen-in-der-Holzklasse-besser-article19782424.html. Zugegriffen im Nov. 2917
70. Farben und Lacke, Vincentz Network GmbH (2016) http://www.farbeundlack.de/Wissenschaft-Technik/Technologien/Neue-antibakterielle-Beschichtung-schuetzt-Flugzeugsitze-vor-Keimen. Zugegriffen im Dez. 2017

71. Hoffmann U (2015) Die Flugzeugkabine der Zukunft – Was ist heute schon möglich 22. Kolloquium Luftverkehr TU Darmstadt. http://www.aviation.tu-darmstadt.de/media/arbeitskreis_luftverkehr/downloads_6/kolloquien/22___kolloquium/Hoffmann.pdf. Zugegriffen im Dez. 2017
72. https://www.wortbedeutung.info/
73. Winter J (2011) Neue Bauweisen beim Next Generation Train. http://www.dmg-berlin.info/page/downloads/vortrag_winter.pdf. Zugegriffen im Sept. 2018
74. Der Einsatz von Brennstoffzellen im Schienenverkehr (2011) https://www.forschungsinformationssystem.de/servlet/is/342698/. Zugegriffen im Jan. 2019
75. Kunststoffe für Bahntechnik und Schienenfahrzeuge. https://www.roechling.com/de/industrie/industrien/fahrzeugbau/bahntechnik-und-schienenfahrzeuge/. Zugegriffen im Dez. 2018
76. A hybrid composite carbody for korean tilting train (2011) http://www.jeccomposites.com/knowledge/international-composites-news/hybrid-composite-carbody-korean-tilting-train. Zugegriffen im Sept. 2018
77. Hybridantriessysteme im Schienenverkehr (2011) https://www.forschungsinformationssystem.de/servlet/is/342673/. Zugegriffen im Okt. 2018
78. Binder A, Koch Th, Jöckel A (2003) Permanentmagneterregter Direktantrieb für die elektrische Traktion am Beispiel des ICE. 3 http://www.ew.tu-darmstadt.de/media/ew/vortrge/030512_binder_koch_joeckel_traktion.pdf. Zugegriffen im Sept. 2018
79. Schiffbaustahl. http://www.andernachu.bleck.com/glossary/schiffbaustahl/. Zugegriffen im Okt. 2018
80. NK Grade D36 Schiffbau Stahlplatte mit Primer strahlen. http://m.de.steel-plate-grade.com/shipbuilding-and-offshore-structural-steel-plate/nk-ship-class-steel-grade/nk-grade-d36-shipbuilding-steel-plate-with-pri.html. Zugegriffen im Jan. 2019
81. Aluminium Lexikon. http://www.aluinfo.de/aluminium-lexikon-detail.html?id=72. Zugegriffen im Sept. 2018
82. Saathoff J (2017) MarineForum 7/8. Mittler Report, Bonn, S 18–20
83. Kevlar für nochleistungsfähigere Verbundmaterialien im Schiffbau. http://www.dupont.de/produkte-und-dienstleistungen/materialien-fasern-vliesstoffe/fasern/einsatzgebiete-und-anwendungen/schiffbau-composites.html. Zugegriffen im Aug. 2018
84. Ein perfektes Team aus Kunststoff und Stahl. http://www.polyurethanes.basf.de/pu/solutions/de_DE/content/group/innovation/Ein_perfektes_Team_aus_Kunststoff_und_Stahl. Zugegriffen im Aug. 2018
85. Faserverbundwerkstoffe. http://shop1.r-g.de/list/Sandwich-Werkstoffe/Waben. Zugegriffen im Sept. 2018
86. Leichtbau für Luftfahrt und Verkehr: CFK-Bauteile nachhaltig reparieren oder recyceln (2016) https://www.iap.fraunhofer.de/de/Pressemitteilungen/2016/Leichtbau_fuer_Luftfahrt_und_Verkehr.html. Zugegriffen im Dez. 2018
87. Betontechnische Daten (2009) http://tu-freiberg.de/sites/default/files/media/professur-fuer-baustofftechnik-8017/vorlesungen/baustoffe/BTD_jan2009.pdf. Zugegriffen im Juni. 2018
88. Kahlert W (2016) Konstruieren mit Glas. Vortragspräsentation Bundes-Obermeistertag, Dresden
89. Roesch Ch (1999) Monitoring „Nachwachsende Rohstoffe". https://www.tab-beim-bundestag.de/de/pdf/publikationen/berichte/TAB-Arbeitsbericht-ab061.pdf. Zugegriffen im Sept. 2018

90. Bauabfälle Umweltbundesamt (2017) http://www.umweltbundesamt.de/daten/abfall-kreislaufwirtschaft/entsorgung-verwertung-ausgewaehlter-abfallarten/bauabfaelle#textpart-1. Zugegriffen im Jan. 2019
91. Monitoring Berichte (2016) http://www.kreislaufwirtschaft-bau.de/ . Zugegriffen im April. 2017
92. VDI 5701 (2018) Biomaterialien in der Medizin Klassifikation, Anforderungen und Anwendungen VDI-Gesellschaft Technologies of Life Sciences (TLS)
93. Spectaris (Hrsg) Spectaris-Jahrbuch 2008. Die deutsche Medizintechnik Industrie, Berlin
94. Henze U, Zwadlo-Klarwasser G, Klosterhalfen B, Höcker H, Richter H, Mittermayer C (1999) Kunststoffe für den medizinischen Einsatz als Implantatmaterialien. Dt Ärztebl 96(15):A-979–A-986
95. Robrecht R. (2013) Charakteristika von Patienten mit Metallimplantatallergie. Diss., Uni München. https://edoc.ub.uni-muenchen.de/16365/1/Robrecht_Ramona.pdf. Zugegriffen im Dez. 2018
96. Ha S-W, Wintermantel E (2009) Biokeramische Werkstoffe. https://link.springer.com/content/pdf/10.1007%2F978-3-540-93936-8_13.pdf. Zugegriffen im Jan. 2019
97. Schenk RK (1986) Bone response to grafts and implants. In: Lin OCC, Chao EYS (Hrsg), Perspectives on biomaterials, materials science monographs. Elsevier, Taipei, S 121–136
98. Lendlein A (1999) Polymere als Implantatwerkstoffe. Chem unserer Zeit 33:279–295
99. Burg KJ, Porter S, Kellam JF (2000) Biomaterial developments for bone tissue engineering. Biomaterials 21:2347–2559
100. https://medizin-und-technik.industrie.de/medizintechnik-studium/faszination-medizintechnik/tissue-engineering-lebende-ersatzteile-kommen-aus-dem-labor/. Zugegriffen im Sept. 2019

Neue Rohstoffquellen

H. Hofmann, J. Spindler, *Aktuelle Werkstoffe*, https://doi.org/10.1007/978-3-662-59440-7_3

3

In der Vergangenheit standen als Rohstoffquellen Erze, Mineralien, Luft, Wasser, Kohle, Erdöl und -gas, sowie Stoffe aus pflanzlicher und tierischer Herkunft zur Verfügung. Auf Grund der Verknappung dieser Quellen wird es zunehmend erforderlich, Reststoffe, Abfälle oder die nach ihrer Nutzung übrig gebliebenen Produkte erneut einer Verwertung zuzuführen. Im Interesse der Erhaltung der Lebensbedingungen gilt es, für alle Prozesse eine ausgeglichene Ökobilanz zu erreichen. Im Vordergrund stehen hier die Maßnahmen zur Senkung der CO_2-Emission durch Reduzierung der Nutzung fossiler Energieträger sowie solche zur Umsetzung von CO_2 durch die Erhaltung der pflanzlichen Artenvielfalt für die Fotosynthese.

3.1 Biomasse

Der Versuch, eine Definition für den Begriff Biomasse zu finden, orientiert sich an drei in der Literatur beschriebenen Auffassungen von C.A.R.M.E.N. e.V. [1], Waskow [2] und Langer [3] Der Begriff Biomasse enthält auch die im allgemeinen Sprachgebrauch als nachwachsende Rohstoffe bezeichneten. Darunter lassen sich sämtliche pflanzlichen und tierischen Rohstoffe verstehen, die biologisch erneuerbar sind, und nicht zu Ernährungs- und Fütterungszwecken dienen. Sie kommen auch in der Energieerzeugung oder im industriellen bzw. gewerblichen Verarbeitungsprozess zur Verwendung.

Quellen für Biomasse sind u. a.:

- Feldfrüchte (Anbau von Mais, Raps, Gras, Getreide, Zuckerrüben u. a.) zur Biogasnutzung und Biokraftstoffherstellung
- Abfälle und Nebenprodukte (pflanzlicher und tierischer Herkunft) aus Land-, Forst- und Fischereiwirtschaft
- Forstwirtschaft (Hölzer zur Zellulosegewinnung)
- Produktionsabfall der Nahrungsgüterwirtschaft
- Restholz der Holzbe- und -verarbeitung sowie Altholz bzw. Gebrauchtholz zur Nutzung als Festbrennstoff und direkt für Energienutzung angebautes z. B. schnell wachsende Baumarten, z. B Eukalyptus, Miscanthus und andere Großgräser
- Landschaftspflegegut
- Siedlungsabfall

⇨Glossar: (20) **Umesterung**

Beispiele sollen die Bedeutung der gezielten Herstellung von Werkstoffen aus Biomasse belegen.

Zur Gewinnung von Zellulose aus Holz ist es erforderlich die zu einem hohen Anteil enthaltenen Lignine abzutrennen, durch thermische Umsetzung mit schwefliger Säure und nachfolgender Behandlung mit NaOH. Die so gewonnenen reinen Zellulosefasern bilden den Ausgangsstoff für die Produktion von Papier, von Viskosefasern, Cellophan und Zellulosederivaten durch Veresterung.

Durch katalytische Umesterung von Rapsöl mit Methanol gewinnt man Rapsöl-Methylester (RME) als Kraftstoff für Dieselmotoren. Als Nebenprodukt fällt Glycerol an. Rapsöl ist ein Triglycerid (Ester aus Glycerol und Fettsäuren) und kann bei 50°–60 °C in Glycerol und die freien Fettsäuren gespalten und anschließend erneut mit Methanol verestert werden.

Biomasse lässt sich durch anaerobe Vergärung zu Biogas (Klärgas, Faulgas, Deponiegas, Biomethan) umsetzen. Es besteht je nach Herkunftsbereich neben Methan und Wasserstoff aus Schwefelwasserstoff, Ammoniak und Kohlenstoffdioxid. Für die energetische Nutzung müssen die nichtbrennbaren Bestandteile H_2S, NH_3 und CO_2 abgetrennt werden. Danach kann die energetische Nutzung, z. B. in einer Verbrennungskraftmaschine erfolgen. Die Umsetzung von Methan mit Sauerstoff ist eine exotherme Reaktion.

$$CH_4 + 2O_2 \rightarrow CO_2 + 2H_2O \quad \Delta H_R = -891\ kJ \cdot mol^{-1}$$

Der nicht zu leugnende Widerspruch der „Veredlung" von z. B. Biomasse zu Kraftstoffen kommt in der Formulierung *„Nahrungsmittel gehören auf den Teller, nicht in den Tank"* von Greenpeace zum Ausdruck [4]. Diese Aussage ist für Nahrungsmittel grundsätzlich richtig, aber für Abfälle nicht. Unvermeidbar fallen bei der Erzeugung oder Zubereitung von Lebensmitteln oder dem Nichtverzehr von Speisen Abfälle an, die sich in Biogasanlagen zur Biomethangasgewinnung nutzen lassen.

3.2 Recycling

Die Quelle für das Recycling bilden Abfälle. Für den Umgang mit Abfall lassen sich drei Hierarchieebenen nennen: Abfallvermeidung, Abfallverwertung bzw. -verwendung (Recycling) und Abfallbeseitigung.

Unter Recycling ist die Rückführung von Rückständen von in der Produktion oder Konsum eingesetzten Stoffen und Energiemengen zu verstehen. Degradierte Energie lässt sich zwar nicht nochmals nutzen, aber ungenutzt aus einem System (Abwärme) abfließende Energie kann in anderen Systemen Arbeit leisten. Damit im Zusammenhang stehen die Begrifflichkeiten des stofflichen und energetischen Recycling.

3.2.1 Stoffliches Recycling

Für das stoffliche Recycling [5] ist zu unterscheiden:

- *Wiederverwendung:* Erneuter Einsatz eines Produktes für den ursprünglichen Verwendungszweck (z. B. Mehrwegflaschen aus Glas und PET).
- *Weiterverwendung: Abfallprodukte* (z. B. Granulat aus Sammelkunststoff zur Produktion von Parkbänken, Fädelrohren in der Installationstechnik u. a. m).

3

- *Weiterverwertung:* Separierung von Stoffen zum Wiedereinsatz in den Produktionsprozess, dem sie entstammen (z. B. Altglas zur Herstellung von Behälterglas, Fe-Schrott zur Stahlherstellung, Aufbereitung von Metallschrott).
- *Wiederverwertung:* Verpackungsglas zu Trinkglas, Pfandflasche, u. ä.

Die Organisation des Recycling obliegt der Abfallwirtschaft, wobei der Wirtschaftsbereich des Recycling von Metallschrott und das Recycling nichtmetallischer Abfälle und anderer Reststoffe die Bereiche der höchsten Wertschöpfung sind. Besonders hohe Rückgewinnungsraten weisen auf Altmetalle, -papier, -glas, -kunststoffe und -reifen [6].

▪ Altmetalle

Darunter fallen Eisen- und Stahlschrott, Kupfer und Kupferlegierungen, Aluminium und Aluminiumlegierungen, Zink sowie Blei und Bleilegierungen. Speziell für die Wiedergewinnung von Lithium aus Li-Batterien befinden sich Recyclingverfahren im Forschungsstadium. Zur Zeit ungelöst ist das Recycling von Titan [7].

▪ Abfälle, die seltene Metalle enthalten

Als seltene Metalle gelten landläufig 17 Metalle, neben den Elementen der dritten Nebengruppe Scandium, Yttrium und Lanthan gehören dazu auch die 14 im Periodensystem auf das Lanthan folgenden Lathanoide, wie Cer, Praseodym, Neodym, Samarium und Europium. Weiterhin zu den seltenen Metallen sind auch Indium, Gallium und Tantal zu rechnen. Die wesentliche Quelle für derartige Abfälle ist der Elektroschrott. Insbesondere enthalten wertvolle Metalle Smartphone, Computer, LED-Leuchten, Elektromotoren und Solarpanels. Durchschnittlich fallen weltweit drei bis sieben Kilogramm Elektroschrott pro Jahr und Person an.

▪ Abfall-Kunststoffe

Die jeweilige Verwertungsstrategie für Abfallkunststoffe [8] ergibt sich aus dem Grad der Vernetzung der Makromoleküle. Bei hohem Vernetzungsgrad ergeben sich Duromere, niedriger Vernetzungsgrad führt zu Elastomeren, keine Vernetzung zeichnet die Plastomeren aus. Eine vierte Gruppe sind die faserverstärkten Kunststoffe. Eine mögliche Technologie zum Recycling von Kunststoffabfällen zeigt das Schema in ◘ Abb. 3.1.

Einer Wiederverwendung von Kunststoffen [9] sind in vielen Bereichen Grenzen gesetzt, sowohl stofflicher (Downrecycling) als z. B. auch hygienischer Natur. Somit stehen die Weiterverwendung und Weiterverwertung im Vordergrund (werkstoffliches Recycling) [10]. Die Verwertungswege für Kunststoffabfälle zeigt ◘ Abb. 3.2.

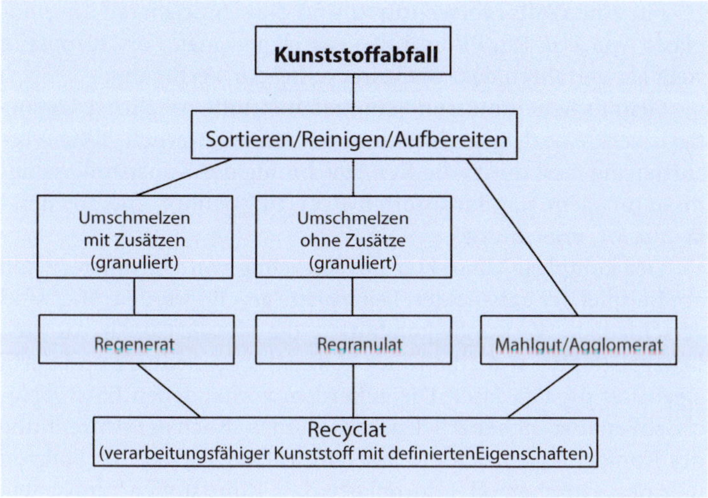

Abb. 3.1 Aufbereitungstechnologie von Kunststoffabfällen (Werkstoffliche Verwertung)

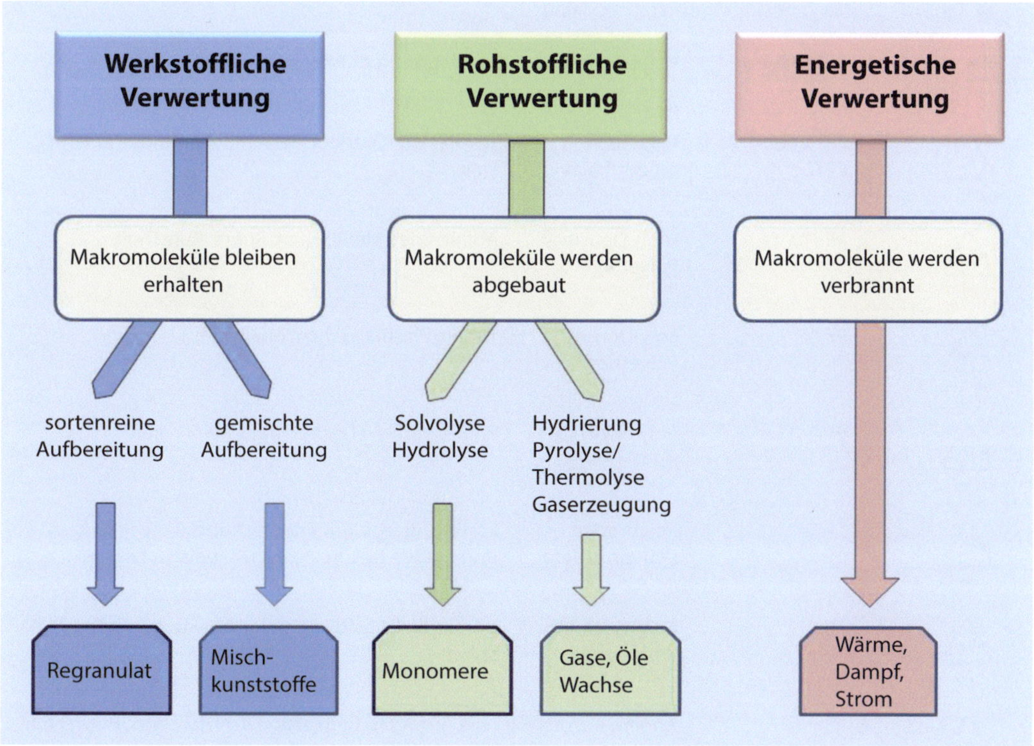

Abb. 3.2 Verwertungswege für Kunststoffabfälle

Für eine **Weiterverwendung** sind die schmelzbaren Thermoplaste, wie z. B. PE, PP und PS generell geeignet. Für Duroplaste steht als Verfahren das Partikelrecycling zur Verfügung.

Grundsätzlich müssen Sammelkunststoffe möglichst vorsortiert, zerkleinert, gemahlen und aufbereitet werden. Eine Vorsortierung lässt durch die Kennzeichnung der Kunststofferzeugnisse mit dem standardisierten Recyclingsymbol, entsprechend ◘ Tab. 3.1, erleichtern.

Der komplexe Charakter des Recycling von Duromerern soll am Beispiel der entstückten Leiterplatte gezeigt werden. Hier sind verschiedene Werkstoffe kombiniert, die Metalle Cu, Sn, Au nach Leiterplattentyp u. a., die Kunststoffmatrix Epoxidharz und darin eigebettet die Glasfaser. Die außerdem vorhandenen Lötstopplacke sollen hier nicht berücksichtigt werden. Nach der Abtrennung des Kupfers lassen sich die Faser-Kunststoff-Partikel als Füllstoff thermoplastischen oder duroplastischen Kunststoffen zumischen.

Der **Weiterverwertung** von Kunstoffen geht ein Abbau von Polymerstrukturen voraus, in dessen Folge petrochemische Basischemikalien entstehen, die anschließend fraktioniert und gegebenenfalls zu reinigen sind. Diese Produkte lassen sich als

◘ **Tab. 3.1** Sortengerechtes Kunststoffrecycling

Recycling-symbol	**Abkürzung**	**Werkstoffname**	**Verwendung der Recyclate zu:**
01 PET	PET oder PETE	Polyethen-terephthalat	Textifasern (Outdoor-Bekleidung, Handschuhe, Folien
02 PE-HD	PE-HD	High-Density Polyethen	Abfalleimer, Mülltonnen, Rohre, Kunstholz
04 PE-LD	PE-LD	Low-Density Polyethen	Tuben, Plastikflaschen, Müllsäcke
03 PVC	PVC	Polyvinylchlorid	Rohre, Profile, Flaschen (für Chemikalien)
05 PP	PP	Polypropen (Polypropylen)	Stoßstangen, Blumentöpfe, Kübel, Verpackungen und Gefäße (techn. Artikel), Kabelschutzrohre
06 PS	PS	Polystyren (Polystyrol)	Büroartikel, Spielzeug, Schuhabsätze, Schaumpolystyrol
07 O	O (other)	Andere Kunststoffe, wie Acrylglas, Polycarbonat, Nylon, ABS, Polylactide	

Ausgangsstoffe zur Kunststoffherstellung nutzen [11]. Für das rohstoffliche Recycling eignen sich:

- Pyrolyse
- Gaserzeugung
- Hydrolyse und Oxidation mit unter- oder überkritischem Wasser [12]
- Hydrierung.

Überkritisches Wasser: Es entsteht bei über 370 °C und Drücken höher als 22 MPa, besitzt die Dichte von Wasser, aber die Viskosität des Wasserdampfes.

Gefüllte oder beispielsweise mit Glasfasern oder Carbonfasern verstärkte Werkstoffe bilden eine besondere Herausforderung. Ziel ist es dabei, die Fasern, insbesondere die teure Carbonfaser zurückzugewinnen, um sie erneut einsetzen zu können. Eine energetische Verwertung bringt für faserverstärkte oder hochgefüllte Kunststoffe oft nur beschränkte Vorteile, da der inerte Füllstoff- und Fasergehalt bis zu 70 % betragen kann. Bei der Verbrennung halogenhaltiger Kunststoffe (PVC, Fluorkunststoffe, Bromide als Flammschutz) entstehen außerdem Halogenwasserstoffe, deren Abtrennung aus den Verbrennungsabgasen aufwendig ist.

3.2.2 Energetisches Recycling

Bei der **energetischen Verwertung** von Abfällen besteht der Hauptzweck der Maßnahmen in der Nutzung des Abfalls z. B. als „Ersatzbrennstoff". Damit lässt sich ein erheblicher Teil des Energieinhaltes von Abfällen in Form von Wärme nutzen. Der Begriff Ersatzbrennstoff ist nicht genau definiert; vielfältige Bezeichnungen wie Sonder-, Zusatz-, Substitut- oder Sekundärbrennstoff, Brennstoff aus Müll (BRAM), Brennstoff aus Abfall oder spezielle Markennamen werden derzeit benutzt. Rohstoffe für die Herstellung von Ersatzbrennstoffen sind heizwertreiche Fraktionen aus der Aufbereitung und Sortierung von Hausmüll, Sperrmüll, hausmüllähnlichen Gewerbeabfällen, Resten aus der Wertstoffsortierung (Papier, Pappe, Holz, Textilien, Kunststoffe) sowie produktionsspezifische Abfälle aus Gewerbe und Industrie (BPG), siehe ◘ Tab. 3.2.

Eine spezielle Abfallbehandlung besteht in der biologischen Verwertung, die Ab- und Umbauprozesse organischer Substanzen durch Mikroorganismen bei Einsatz anaerober Verfahren zur Gewinnung von Biogas (Hauptbestendteil Methan) nutzt. Es steht sowohl als Heizgas als auch Synthesegas zur Verfügung.

3.3 Zusammenfassung

Bei Glas, Metallschrott und Papier ist der Kreislauf von Herstellung und Verwertung der Abfälle bereits weitestgehend geschlossen. Ebenso müsste die Nutzung von Kunststoffprodukten aus Recyclaten zukünftig selbstverständlich sein. Um dieses Ziel zu

3

Tab. 3.2 Heizwertvergleich zwischen Ersatz-Brennstoffen und Herkömmlichen

Ersatzbrennstoff	Heizwert [MJ/kg]	Abgasanteil [%]
Kunststoffgranulat	40,8	99,4
Kunststofffolien	37,7	98,7
Mischkunststoffe	34	
Altreifen	33,1	
BPG	24,5	66,8
Kunststoffreiche Fraktion bei Altpapierrecycling (Spuckstoffe)	19,5	62,4
Rückstände der mechanisch-biologischen Abfallaufbereitung (MBA)	14,4–22,8	
Altholz	17	81,3
Klärschlamm	1–14	
zum Vergleich Brennstoffe		
Braunkohlenbriketts	19,6	
Heizöl	42,6	
Benzin		
Ethanol	26,8	

erreichen, sind neue Sortiertechnologien zu entwickeln, die Zahl der Sortier- und Verarbeitungsanlagen zu vergrößern und entsprechend neue Produkte herzustellen.

Für die sinnvolle und verantwortungsbewusste Nutzung von Kunststoffen ist sowohl vom Hersteller als auch dem Verbraucher ein Umdenken nötig. Das resultiert daraus, dass die Rohstoffquelle Erdöl begrenzt ist, Kunststoffe dem Downrecycling unterliegen und durch Verschleppung von Kunststoffabfällen in die Biosphäre und ihrer mechanischen Zerstörung zu „Mikroplastik" Umwelt- und Gesundheitschäden auslösen.

Nachdenkenswert erscheint die Masse an Abfall aus Kunststoffverpackungen, der in Deutschland bei ca. 35 kg pro Kopf liegt. So hat sich die Menge an Kunststoffverpackungen im Zeitraum von 1991 bis 2015 von 1,6 auf 3 Miot fast verdoppelt. Hier sind die Politik und ebenso auch die Verbraucher selbst gefragt. Eine Erhöhung der Recyclingqoute kann aber nur eine Teillösung des Problems darstellen, primär aber ist die Einsparung an Verpackung.

Knapper werdende Metalle, wie z. B. Kobalt und Metalle aus der Gruppe der seltenen Erden, wie Samarium und Neodymn werden bereits heute aus nicht einbaufähigen Lithiumbatterien und Elektronikschrott zurückgewonnen.

Produkte aus vollständig recyceltem Material werden in der Wirtschaft gegenüber Neumaterial oft nicht als gleichwertig anerkannt. Ein Sinneswandel ist aber eingeleitet und unumkehrbar.

Literatur

1. Bayerisches Landesamt für Umwelt (2006) Bioenergie – Umweltfreundliche Nutzung nachwachsender Rohstoffe, Fachtagung. C:A:R:M:E:N: und Bayerisches Landesamt für Umwelt, Augsburg
2. Waskow F (1998) Status und Entwicklung nachwachsender Rohstoffe. In: Katalyse, Institut für angewandte Umweltforschung (Hrsg) Leitfaden Nachwachsende Rohstoffe: Anbau – Verarbeitung – Produkte. C.F. Müller, Heidelberg
3. Langer M (2007) Der Anbau nachwachsender Rohstoffe in Sachsen- Anhalt und Thüringen. VDM Saarbrücken
4. Biomasse. https://www.greenpeace.de/themen/energiewende/erneuerbare-energien/biomasse-0. Zugegriffen im Jan. 2019
5. Recycling Definition. https://wirtschaftslexikon.gabler.de/definition/recycling-44989. Zugegriffen im Dez. 2018
6. Fees E, Günther E (2013) Recycling. http://wirtschaftslexikon.gabler.de/Archiv/5527/recycling-v10.html. Zugegriffen im Jan. 2019
7. Ingenieur.de (2013) Recycling von Titan. https://www.ingenieur.de/technik/fachbereiche/luftfahrt/90-prozent-titans-bleiben-im-flugzeugbau-schrott-uebrig/. Zugegriffen am 26.07.2017
8. Sommer M. Baustoffe aus Recyclaten und Nebenprodukten Uni der Bundeswehr München. https://docplayer.org/24613867-Institut-fuer-werkstoffe-des-bauwesens-baustoffe-aus-recyclaten-und-nebenprodukten-kunststoffe.html. Zugegriffen am 07.12.2018
9. Bluhm R, Dassow J, Herren S, Lackner V et al (1993) Neue Verfahren zur Kunststoff-Wiederbverwertung. Spektrum der Wissenschaft 12:107. https://www.spektrum.de/magazin/neue-verfahren-zur-kunststoff-wiederverwertung/821239. Zugegriffen am 07.12.2018
10. Begriffsdefinition. https://www.kunststoffe.de/themen/basics/recycling/werkstoffliches-recycling/artikel/begriffsdefinitionen-fuer-das-werkstoffliche-recycling-1001597.html. Zugegriffen am 07.12.2018
11. von Gentzkow W, Braun D, Rudolf A-P (2000) Recycling von Duroplastwerkstoffen. http://www.patent-de.com/20000302/DE19839083A1.html. Zugegriffen im Nov. 2018
12. Fraunhofer-institut fü chemische technologie ICT (2017) Recycling mit Wasser als umweltfreundliche Trenntechnologie. https://www.ict.fraunhofer.de/content/dam/ict/de/documents/medien/ue/UE_WATT_Stand_der_Technik_V01-1_de.pdf. Zugegriffen am 26.11.2018

Ausblick

H. Hofmann, J. Spindler, *Aktuelle Werkstoffe*, https://doi.org/10.1007/978-3-662-59440-7_4

Der Klimawandel in seinen immer deutlicher erkennbaren Auswirkungen auf alle Lebensbereiche beeinflusst zunehmend Entscheidungen nicht nur in der Politik und Wirtschaft, sondern ebenso in Forschung und Lehre

„Energie, Nahrungsmittel und Werkstoffe – wie die Menschen mit diesen drei Dingen in der Zukunft umgehen, wird wesentlich ihren Lebensstandard und ihr Schicksal beeinflussen.“ [1]

Diese grundsätzliche Aussage des amerikanischen Chemikers und Physikers Philip *H. Abelson*, die er schon vor nahezu 50 Jahren formulierte, hat nichts an ihrer Bedeutung verloren.

Der objektiv steigende Bedarf an Energie und Rohstoffen der Weltwirtschaft führt bei der momentanen Art und Weise ihrer Bereitstellung und Nutzung zwangsweise zu globalen Schäden in der Atmosphäre, Lithosphäre und Hydrosphäre. Aus aktueller Sicht sind zwei Schritte zur Sicherung des Fortbestandes der Existenz des irdischen Lebens möglich: Erstens Begrenzung der Schadensursachen und besser wäre zweitens deren Minimierung.

Als Hauptschadensursache muss die Emission von CO_2, verursacht durch die Energieerzeugung aus kohlenstoffhaltigen Energieträgern, benannt werden, in deren Folge die Jahresmitteltemperatur ansteigt, die zur Klimaveränderung führt, mit weiteren tief greifenden Veränderungen. Der anthropogene CO_2-Ausstoß beträgt 35 Gt jährlich [2], dieser Anteil trägt zu 60 % zum Treibhauseffekt bei. Die geogen freigesetzte CO_2-Menge liegt bei 550 Gt [3] jährlich, die aber u. a. durch die Fotosynthese und die Umsetzung zu Karbonaten im Kreislauf bleiben.

Der Treibhauseffekt bewirkt im Wesentlichen einen Anstieg des Meeresspiegels durch Abtauen der Polkappen und Gletscher, abnorme Wettersituationen, Wasserknappheit in den Zonen der Versteppung, Verringerung der Artenvielfalt und Verschiebung der Lebensräume von Fauna und Flora u. a. m. Zusätzlich erhöht sich die CO_2-Konzentration in der Atmosphäre durch die Verringerung der Löslichkeit im Meerwasser, ebenfalls bedingt durch die Erderwärmung.

Zur Lösung des Problems der CO_2-Emission bei der Energienutzung führen zwei Wege, die Entwicklung neuer Werkstoffe und Technologien und der sinnvolle Umgang mit den Ressourcen.

Auf dem Gebiet der Entwicklung neuer Werkstoffe und Technologien für die CO_2-freie Energiewandlung, wie in der Solartechnik, der H_2-Nutzung, für Wind- und Wasserkraftwerke und der Geothermie ist eine Erweiterung der Werkstoffpalette zu erwarten. Der Verzicht auf die Energie aus der Kernspaltung verschärft wesentlich die Absicherung der Energieversorgung. Unter Beibehaltung des Zieles der CO_2-Minderung lässt sich der Fehlbetrag im Energiemix nicht problemlos durch „grüne“ Energie ersetzen. Das bezieht sich nicht nur auf die Energiemenge, sondern auch auf ihre Verfügbarkeit. Der Ausgleich der zeitlichen Schwankungen bedingt eine noch zu entwickelnde ausgereifte Speichertechnologie.

Der schon vor vielen Jahren begonnene Weg zur Erzeugung von Energie durch Kernfusion ist sträflich vernachlässigt worden. Eine Konzentration der finanziellen Mittel auf diese Forschung wäre eine vordringliche Aufgabe der Länder der EU gewesen.

Auch das Automobil stellt eine nicht zu unterschätzende CO_2-Quelle dar. Um die CO_2-Emission von Automobilen auf Null zu bringen, ist die Weiterentwicklung der Elektromobilität der eingeschlagene Weg. Dafür gibt es zwei Varianten: Die Lithium-Batterie als Speicher und die Brennstoffzelle PEM, die Wasserstoff mit Luftsauerstoff zu Wasser umsetzt. Im Sinne der CO_2-Verminderung hat das aber nur Sinn, wenn der Wasserstoff aus der Elektrolyse mit „grünem Strom" oder Biomassegasifizierung stammt und damit in ausreichender Menge herstellbar ist. So gesehen ist Wasserstoff als Energieträger immer herstellbar. Gilt das auch für Lithium als Werkstoff für die Lithiumbatterie? Die Vorkommen an Lithiumverbindungen sind begrenzt und die Herstellung des elementaren Lithiums erfolgt durch Schmelzflusselektrolyse mit enormem Aufwand an Elektroenergie. Auch hierfür wäre nur der Einsatz von „grünem Strom" vertretbar.

Ein unmittelbarer Weg der Verminderung der CO_2-Emisssion beim Auto ergibt sich aus der Massereduzierung und einer Senkung der Motorleistung. Die Motorleistung erhöhte sich aber im Gegensatz zu dieser Zielstellung bei den Neuzulassungen in Deutschland im Zeitraum von 2010 bis 2017 von 130 auf 151 PS. Werkstoffmäßig und fahrzeugtechnisch wäre aber das Ziel ohne weiteres erreichbar.

Im Bauwesen bietet der Einsatz von Bindemitteln ohne Verwendung von Kalziumoxid ein bedeutendes Einsparpotenzial von CO_2, da beim Kalbrennen erhebliche CO_2-Mengen entstehen. Neue Werkstoffe bieten die Möglichkeit der verbesserten Wärmisolation der Baukörper und damit eine Energieeinsparung.

Ein Umdenken von Seiten der Stromerzeuger bei steigendem Angebot an regenerativem Strom muss ein stabiles Stromnetz garantieren. Hierfür wiederum ist es erforderlich den gesamten Prozess von der Produktion bis zum Verbrauch über intelligente Kommunikationsnetze zu steuern. Dezentrale Einspeiser und Netzknoten müssen konsequent überwacht und die Daten sicher archiviert, ausgewertet und übertragen werden. Die zum Zeitpunkt der Stromerzeugung nicht nutzbare Energie lässt sich sinnvoll speichern, sofern alle Möglichkeiten der Speicherung genutzt werden, was die Anwendung aller verfügbaren chemischen und physikalischen Effekte verlangt. Das bedeutet, bereits vorhandene Werkstoffe konsequent einzusetzen und neue zu entwickeln.

Das Forschungsgebiet „Künstliche Intelligenz" (KI) versucht, menschliche Wahrnehmung und menschliches Handeln durch Maschinen nachzubilden. Die Einsatzgebiete künstlicher Intelligenz sind sehr vielfältig. Erfolgreich ist ihr Einsatz in solchen Teilbereichen, wie der Robotik bei Montageprozessen und der Medizin. Eine weitere Miniaturisierung der Wirkkomponenten, Sensoren und Aktoren sowie ihre Weiterentwicklung auf Basis der Kombination von anorganischen mit organischen Werkstoffen erschließt neue Einsatzgebiete.

Von der amerikanischen Schriftstellerin und Nobelpreisträgerin Pearl S. Buck gibt es die Empfehlung: „*Wenn Sie Ihren Kindern unbedingt etwas geben wollen, dann geben Sie ihnen ein gutes Beispiel.*"

Das genau ist das Anliegen einer umweltbewussten Erziehung, die im Kindesalter beginnt und sich in das Erwachsenenalter fortsetzt. Es geht also nicht ausschließlich nur um die Entwicklung neuer Werkstoffe, sondern genauso darum, Vorhandenes maßvoll zu nutzen. Das setzt voraus, dass man den Zusammenhang zwischen den Eigenschaften eines Produktes und seinen Verwendungsmöglichkeiten abschätzen kann – das erfordert Bildung und die Fähigkeit selbstständig zu denken und zu handeln.

Literatur

1. Abelson PH (1976) Renewable and nonrenewable resources. Science 191(4228):631
2. Mrasek V (2016) Jeder New-York-Fluggast lässt drei Quadratmeter Arktis-Meereis schmelzen .https://www.deutschlandfunk.de/klimawandel-jeder-new-york-fluggast-laesst-drei.676.de.html?dram:article_id=370446. Zugegriffen im März 2019
3. Klimaänderung (2013) Naturwissenschaftliche Grundlagen. Zusammenfassung für politische Entscheidungsträger. https://www.ipcc.ch/site/assets/uploads/2018/03/ar5-wg1-spmgerman.pdf. Zugegriffen im März 2019

Erratum zu: Anwendungsgebiete neuer Werkstoffe

Die aktualisierte Version des Kapitels finden Sie unter
https://doi.org/10.1007/978-3-662-59440-7_5

H. Hofmann, J. Spindler, *Aktuelle Werkstoffe*, https://doi.org/10.1007/978-3-662-59440-7_5

Erratum zu: Kapitel 2 in: H. Hofmann, J. Spindler, Anwendungsgebiete neuer Werkstoffe, https://doi.org/10.1007/978-3-662-59440-7

Das Wort „Katheder" wurde zu „Katheter" geändert.

Serviceteil

H. Hofmann, J. Spindler, *Aktuelle Werkstoffe*, https://doi.org/10.1007/978-3-662-59440-7

Glossar

(1) Werkstoffe für Solarzellen

$A^{III}B^{V}$-Verbindungen sind Verbindungshalbleiter aus Elementen der dritten und fünften Hauptgruppe. Sie zeichnen sich gegenüber dem Silizium durch eine Reihe besonderer Eigenschaften aus. Für ihre Anwendung in elektronischen Bauelementen ist von besonderer Bedeutung:

- Große Varianz der verbotenen Zone (je nach Verbindung 0,17 bis ca. 5 eV),
- durch Mischkristallbildung zwischen einzelnen $A^{III}B^{V}$- Verbindungen sind Bandabstände gezielt einstellbar
- teilweise sehr hohe Ladungsträgerbeweglichkeiten

Die $A^{III}B^{V}$-Verbindungen GaAs und GaP (gesprochen: GaAs: Galliumarsenid, GaP: Galliumphosphid) bilden ein System mit völliger Löslichkeit im festen Zustand.

In Abhängigkeit von der Zusammensetzung lässt sich dadurch zwischen den Grenzwerten für die verbotene Zone für reines GaAs mit 1,38 eV und reinem GaP mit 2,25 e V jeder beliebige Wert in diesem Bereich erzielen und damit der Wellenlängenbereich des emittierten (bei LED) bzw. des absorbierten Lichtes (bei Solarzellen) einstellen.

Fullerene sind aus Kohlenstoffatomen aufgebaut, die sich zu fünfgliedrigen und zu sechsgliedrigen Ringen zusammenschließen (■ Abb. A.1).

Im Fulleren C60 liegen solche Fünf- und Sechsringe in einer symmetrischen Anordnung vor („Fußballmolekül"). Jeder Fünfring ist von 5 Sechsringen umgeben, und jeder Sechsring ist von 3 Fünfringen und 3 Sechsringen (vgl. Bild). Durch den Einbau von Alkali- und Erdalkaliatomen in die Zwischengitterplätze des C60-Fullerens lassen sich gezielte Veränderungen der elektrischen Eigenschaften mit Anwendungsmöglichkeiten auf dem Sektor der Halbleiter und Supraleiter erreichen.

Farbstoffe, z. B. Cu-Phthalocyanin [2]

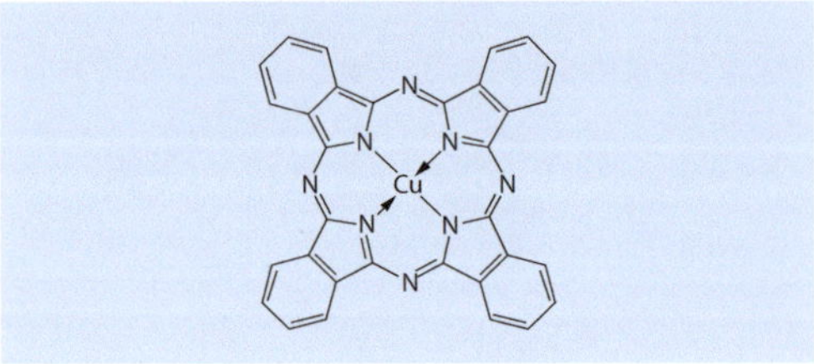

Kupfer- Phthalocyanin wirkt auf Grund seiner Elektronenstruktur (konjugiertes π–Elektronensystem) (⇨ 11) als Elektronendonator in einem p-n-Übergang.

(2) Funktionsweise einer Si-Solarzelle

In einem unbelasteten p-n-Übergang können sich die durch Bestrahlung entstehenden Ladungsträger unter dem Einfluss des inneren Feldes trennen. Die n- und p-Gebiete laden sich unterschiedlich auf. Es bildet sich eine Solarzelle. Prinzipiell baut sich ein p-n-Fotoelement auf aus einer einkristallinen p-dotierten Siliziumscheibe, mit einer n-leitenden lichtdurchlässigen Oberflächenschicht, die durch Umdotierung mit Phosphor entsteht. Die beiden Zonen werden mit geeigneten Metallen sperrschichtfrei kontaktiert. Durch Einstrahlung von Photonen bilden sich in der n-Schicht Leitungselektronen im Leitungsband LB und in der p-Schicht Defektelektronen im Valenzband VB (siehe ■ Abb. A.2 und A.3 [3]). Sie fließen zu den jeweiligen Kontakten. Die Urspannung von Si-Solarzelle beträgt maximal 0,5 V. W_i entspricht der Energiebarriere (verbotene Zone) zur Anregung der Eigenhalbleitung, W_n der Anregungsenergie

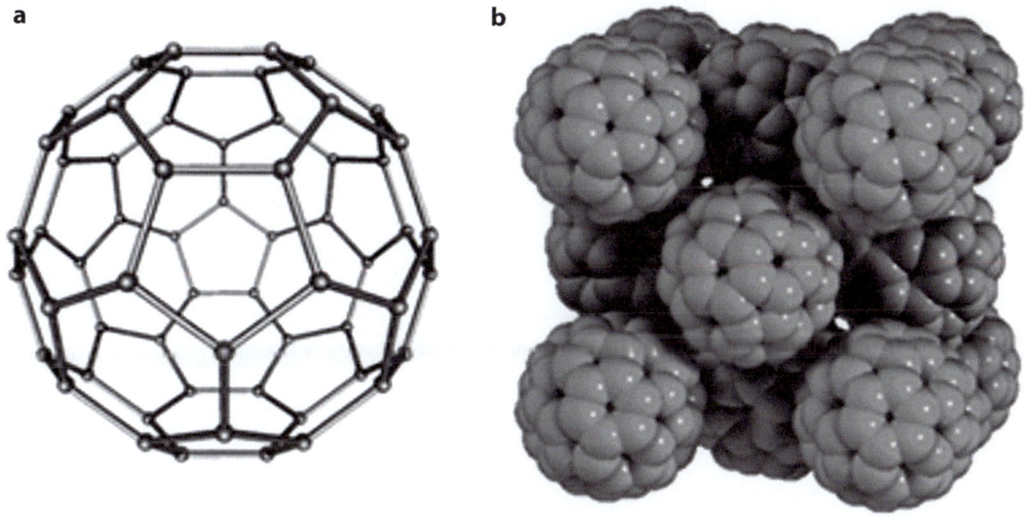

Abb. A.1 Modifikationen des Kohlenstoffs (Maße in nm) **b**) FULLERene (Elementarzelle des kristallinen C60-Fullerens, d = 0,7 nm) **a**) Molekularstruktur des C60-Fullerens [1]

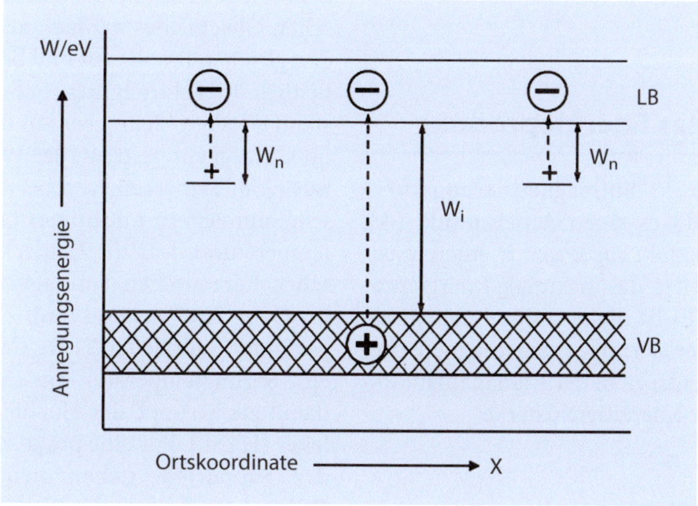

Abb. A.2 Bändermodell des n-Halbleiters

zur Entstehung von Elektronen (n-Leitung) und W_p zur Entstehung von Defektelektronen (p-Leitung).

Die durch Absorption der Photonen am p-n-Übergang erzeugten Ladungsträger (Elektronen und Defektelektronen) sollen nicht unter Lichtemission, wie bei LED, rekombinieren. Das innere elektrische Feld bewirkt die Beschleunigung der Defektelektronen zum p-Kontakt, die der Elektronen zum n-Kontakt. Ein Teil der Ladungsträger rekombiniert auf dieser Strecke und die Energie geht in Form von Wärme verloren. Die entstandene Potenzialdifferenz ermöglicht den Stromfluss zum Verbraucher in einem äußeren Stromkreis (Fotostrom). Die Rekombinationszeit liegt im

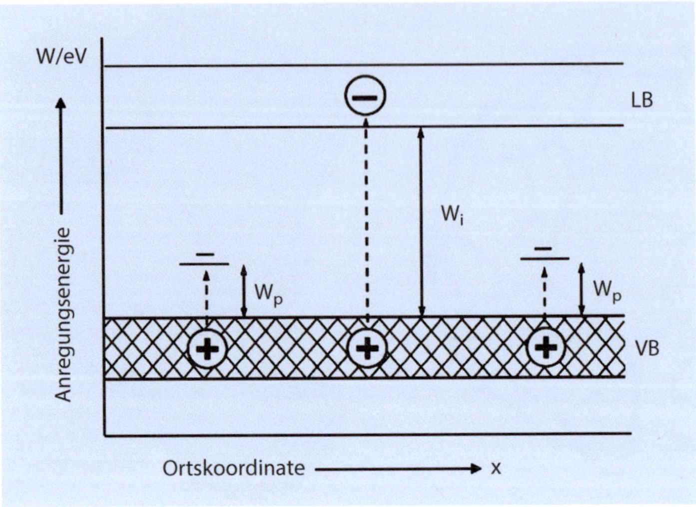

■ **Abb. A.3** Bändermodell des p-Halbleiters

Bereich weniger µs (1 · 10–6 s) und ist ein wesentliches Maß für die Qualität des eingesetzten Werkstoffes.

(3) Maximales Energieprodukt

Entlang der Entmagnetisierungskurve (■ Abb. A.4) gibt es einen Arbeitspunkt (A), bei dem das Produkt aus B mal H einen maximalen Wert besitzt, das maximale Energieprodukt $(B{\cdot}H)_{max}$. Es ist die wichtigste Gütegröße zur Charakterisierung hartmagnetischer Werkstoffe. B_r entspricht der Remanenzinduktion und H_c der Koerzitivfeldstärke.

(4) Supraleitung

Die Ladungsträger können sich störungsfrei durch den Festkörper bewegen. Ladungsträger sind in diesem Falle die sogenannten Cooper-Paare. Die Entstehung dieser Cooper-Paare erklärt die BCS-Theorie (benannt nach Bardeen, Cooper und Schrieffer). Nach dieser Theorie treten bei Unterschreitung der Sprungtemperatur T_C jeweils zwei Elektronen mit entgegengesetztem Spin und entgegengesetzt gleichem Impuls zu einem Elektronenpaar zusammen, dem Cooper-Paar. Bei Einwirkung eines elektrischen Gleichfeldes nehmen alle Cooper-Paare den gleichen Impuls auf und bewegen sich einheitlich in Feldrichtung. Solange dieser Zustand erhalten bleibt, werden diese Elektronen im Gitter nicht gestreut, der Werkstoff ist supraleitend. Bemerkenswert bei der Entwicklung von Supraleitern mit immer höheren Sprungtemperaturen war die Entdeckung von oxidischen keramischen Supraleitern (z. B. YBa_2-Cu_3O_7). Ein weiterer mit Flüssigstickstoff gekühlter Supraleiter $Tl_2Ba_2Ca_2Cu_3O_{10}$ besitzt eine Sprungtemperatur von 130 K und gehört damit zur Gruppe der Hochtemperatursupraleiter (HTSL). Für eine praktische Anwendung der Supraleiter stehen heute die in der ■ Tab. A.1 aufgeführten Werkstoffe zur Verfügung.

Zum Einsatz kommen Supraleiter u. a. in HTSL-Starkstromkabeln, Spulen für Magnetscheider, in MRI-Tomografen, Magnetspulen für Teilchenbeschleuniger Strombegrenzer und in SQUIDs (Superconducting QUantum Interference Device (dt.: supraleitende Quanteninterferenzeinheit). Ein SQUID ist ein Sensor zur sehr präzisen Messung geringster Magnetfeldänderungen.

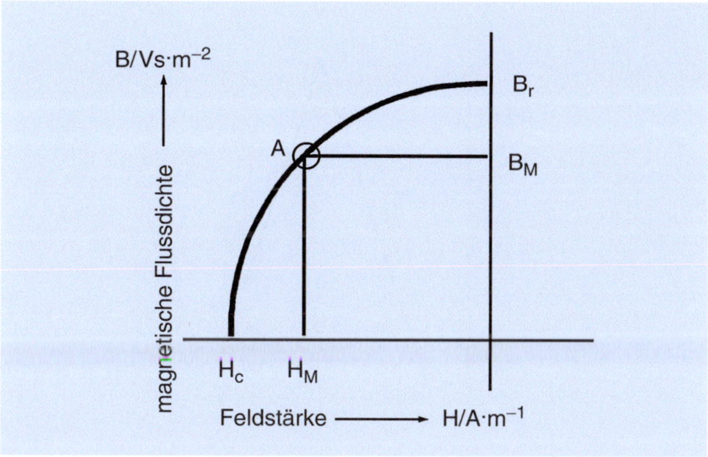

Abb. A.4 Arbeitspunkt auf der Entmagnetisierungskurve [4]

Tab. A.1 Auswahl supraleitender Werkstoffe

Stoff	T_c in K	H_c in $10^6 A \cdot m^{-1}$
NbSn	18,5	16
NbGe	23,2	34
NbTi	8–10	9–12
Nb $(Al_{0,7}Ge_{0,2})$	20,7	15
$YBa_2Cu_3O_7$	90	40–70
$Tl_2Ba_2Ca_2Cu_3O_{10}$	130	>100

(5) Seebeck-Effekt

Thermospannung (SEEBECK-Effekt):

Befinden sich im Stromkreis (siehe Abb. A.5) Kontaktstellen von zwei Metallen (Me_1, Me_2) auf unterschiedlicher Temperatur, dann entsteht eine in Abhängigkeit von der Temperaturdifferenz ΔT abhängige Potenzialdifferenz U_T; α ist der materialabhängige Seebeck-Koeffizient (Tab. A.2).

$$U_T \sim \Delta T$$

$$U_T = \alpha \Delta T$$

(6) Lambda-Sonde (λ-Sonde [6, 7])

Mit Hilfe einer Lambdasonde (λ-Sonde) lässt sich Abgasstrom eines Verbrennungsmotors der verbliebene Sauerstoffanteil bestimmen. Im Steuergerät des Motors erfolgt eine Regulierung des Verhältnisses Luft zu Kraftstoff, dem λ-Wert, der optimal bei 1 liegt, siehe Abb. A.6. Die λ-Sonde ist der Hauptsensor im Regelkreis zur katalytischen Abgasreinigung.

Die Grenzen der optimale Betriebsweise eines Verbrennungsmotors charakterisieren die nachfolgenden λ-Werte:

λ = 0,85 maximale Leistung, hoher Verbrauch, umweltschädlich

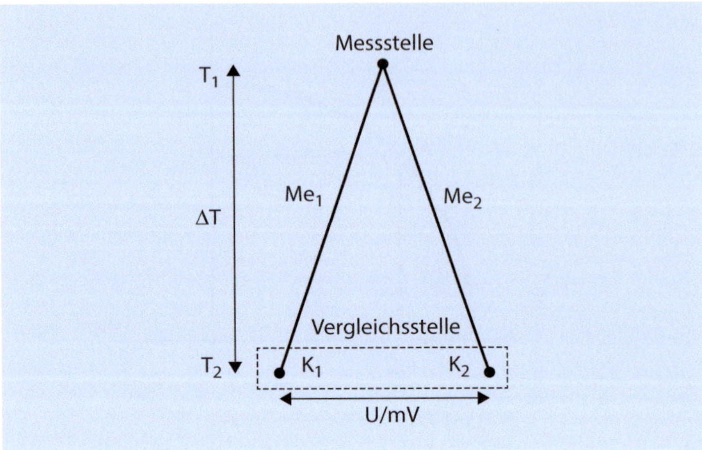

Abb. A.5 Prinzip des Thermoelementes [5]

Tab. A.2 Legierungen für Thermobimetalle

Aktive Komponente	Passive Komponente
FeNi20M06	FeNi36 (Invar 1.3912)
MnCu18Nil0	FeNi36 (Invar 1.3912)
MnNil5Cul0	FeNi32Co6
X12CrNi18 6	FeNi32Co14Ti1,5
X12CrNi18 8	X8Cr17

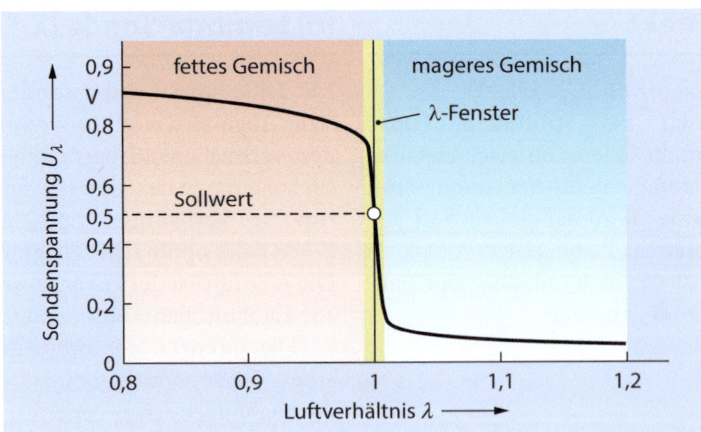

Abb. A.6 Spannungskennlinie in Abhängigkeit vom λ-Wert

λ = 1,00 ausgewogenes Verhältnis zwischen Verbrauch und Leistung, umweltschonend

λ = 1,10 geringer Spritverbrauch bei Leistungseinbußen und Problemen mit dem Katalysator

In der Automobiltechnik bedeutet λ = 1, dass genauso viel Luft zur Verfügung steht, wie für die vollständige Verbrennung des Kraftstoffes notwendig ist. Darüber hinaus lassen sich aus dem λ-Wert Rückschlüsse auf Verbrennungsverlauf, Temperaturen, Schadstoffbelastung und Wirkungsgrad ziehen.

Zwei Messprinzipien für λ-Sonden kommen zur Anwendung:

1. Die **Nernstsonde** (Spannungssprungsonde) ◘ Abb. A.7

   Der Festkörperelektrolyt aus mit Y_2O_3 dotiertem ZrO_2 wird ab ca. 350 °C für Sauerstoffionen als Ionenleiter leitend. Durch die Dotierung mit Y_2O_3 entstehen Sauerstofflücken im Gitter als Ladungsträger für die Ionenleitung. Die Temperatur wird durch die heißen Abgase erreicht.
2. Die **Widerstandssonde**

   Weniger häufig kommt die Widerstandssonde zur Anwendung. Der keramische Werkstoff ist hier das halbleitende TiO_2. Die Sauerstoffionen der Keramik tragen hier, im Gegensatz zur Nernstsonde nicht wesentlich zur Leitfähigkeit bei. Die Sauerstoffionen reduzieren die Zahl der freien Ladungsträger (Elektronen). Bei hohem Sauerstoffpartialdruck hat das Sensormaterial einen großen Widerstand. Das Signal wird durch einen Spannungsteiler mit einem festen Widerstand erzeugt

(7) Magneto- und Elektrostriktion

Durch Ausrichtung der Weissschen Bezirke im äußeren Magnetfeld kommt es zu einer Längen bzw. Volumenänderung, der *Magnetostriktion*. Der Magnetostriktionskoeffizient λ charakterisiert das Ausmaß der Längenänderung, siehe ◘ Tab. A.3.

Im polaren Dielektrikum deformiert das elektrische Feld den Werkstoff elastisch, man spricht von *Elektrostriktion*. Der Elektrostriktionskoeffizient γ charakterisiert das Ausmaß der Längenänderung.

(8) Piezoelektrischer Effekt

Wird piezoelektrisches Material mechanisch belastet, so führt die Verformung zur Trennung der positiven und negativen Ladungen

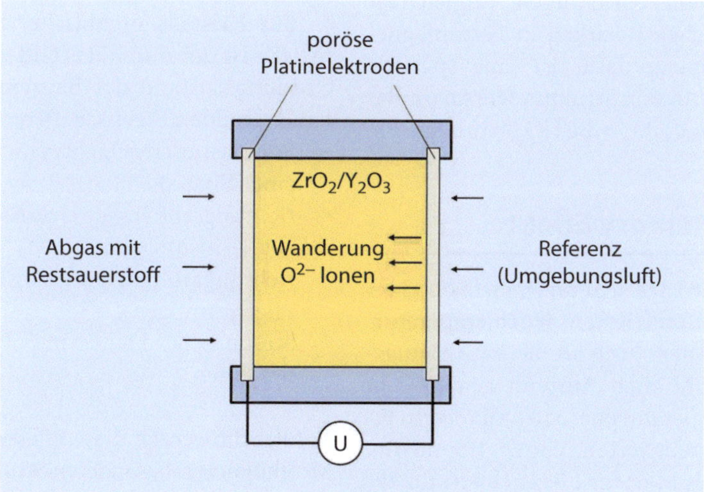

◘ **Abb. A.7** Schematische Darstellung einer Spannungssprungsonde

Tab. A.3 Magnetostriktionskoeffizienten bei Raumtemperatur und 1 T $\lambda = \frac{\Delta l}{l_0}$, l_0 = Länge vor dem Magnetisieren

Fe	$-8 \cdot 10^{-6}$
Co	$+55 \cdot 10^{-6}$
Ni	$-35 \cdot 10^{-6}$
Ferrite	$(-100$ bis $+40) \cdot 10^{-6}$

des polaren Werkstoffs. Daraus resultiert die Aufladung der Außenflächen des Körpers. Sein Volumen kann dabei mit guter Näherung als konstant betrachtet werden. Diese Vorgänge entsprechen dem Begriff direkter piezoelektrischer Effekt. Beim inversen piezoelektrischen Effekt erfährt ein piezoelektrisches Material durch Anlegen einer elektrischen Spannung eine Verformung.

Alle ferroelektrischen Werkstoffe sind zugleich auch piezoelektrisch, jedoch muss ein piezoelektrischer Werkstoff nicht unbedingt ferroelektrisch sein. So ist z. B. Bariumtitanat ($BaTiO_3$) piezo- und ferroelektrisch, Quarz (SiO_2) ist piezo-, aber nicht ferroelektrisch.

Ferroelektrisches Verhalten entsteht dann, wenn permanente Dipole sich ohne Einwirkung eines äußeren elektrischen Feldes gleichsinnig zu Domänen orientieren, vergleichbar zu den Weissschen Bezirken in Ferromagnetika. Voraussetzung dafür ist eine spezielle Struktur, die Perovskit-Struktur, wie sie im Bariumtitanat ($BaO \cdot TiO_2 = BaTiO_3$) vorliegt.

(9) Shape Memory Effekt

FGL sind in der Lage sich reversibel von einer kubisch flächenzentrierten Hochtemperaturphase (β) (in Anlehnung an die ezeichnungsweise beim Stahl auch Austenit genannt) in eine Niedertemperaturphase (α) mit einem tetragonal raumzentrierten Gitter (monoklin, entsprechend als Martensit bezeichnet) umzuwandeln. Nach Verformung der FGL bei Raumtemperatur besitzt diese die martensitische Struktur. Der Werkstoff wird durch die äußere Kraft scheinbar plastisch verformt. Durch die mit einer Erwärmung ausgelösten Phasenumwandlungen α in β wird diese Verformung wieder rückgängig gemacht. Der beschrieben Einwegeffekt erlaubt nur eine einmalige Formänderung.

Soll eine FGL auch für die Aktorik, z. B. als Stellelement, nutzbar sein, muss das Bauelement wieder in die α-Form zurückkehren können (Zweiwegeffekt).

Phasenumwandlung zwischen Hochtemperaturphase (Austenit) und Niedertemperaturphase (Martensit). Durch Erwärmen wird eine Verformung des Materials rückgängig gemacht. [8] (vgl. Abb. A.8)

(10) Flüssigkristall

Flüssigkristalle vereinigen in sich sowohl die charakteristischen Merkmale von Kristallen als auch von Flüssigkeiten, man spricht von mesomorphen Phasen.). Derartige Phasen, sind *nematische, cholesterische, smektische und kolumnare*. Sie haben hauptsächlich auf dem Gebiet der Displays Bedeutung erlangt. Charakteristisch für Flüssigkeiten ist das Fließverhalten (Viskosität)

Für Kristalle organischer Stoffe charakteristisch ist der durch das Gitter bedingte hohe Ordnungszustand der Bausteine mit den daraus folgenden Eigenschaften, wie:

- Polarisation des Lichtes (Schwingung in einer Ebene),
- richtungsabhängige elektrische Leitfähigkeit (Anisotropie),
- richtungsabhängige Viskosität (reziprokes Fließvermögen),
- Streuung des Lichtes in polykristallinen Systemen.

Verursacht werden diese Effekte in organischen Molekülen mit besonderen Strukturmerkmalen,

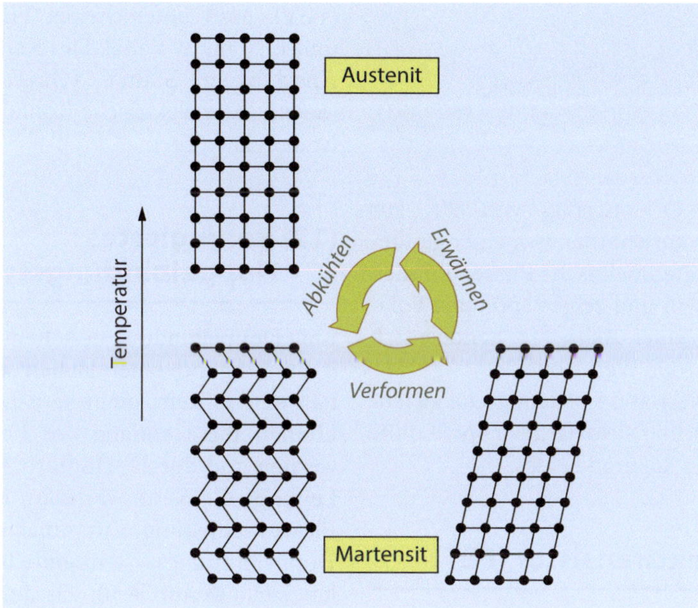

Abb. A.8 Schematische Darstellung der Phasenumwandlung

einem stark polaren Teil und einem unpolaren aliphatischen und/oder aromatischen Segment. Im Folgenden sind Beispiele für organische Moleküle zur Bildung smektischer Phasen dargestellt.

Smektische Phasen bilden Schichtstruktur aus. Die Fadenmoleküle sind innerhalb einer Schicht gegeneinander verschiebbar und sind mehr oder weniger senkrecht zur Schichtebene orientiert.

DOBAMBC

3-[-(4-Decyloxy-benzylidenamino)-phenyl]-acrylsäure 2-methylbutylester

(3-Phenylacrylsäure = Zimtsäure, engl.: cinnamicacid

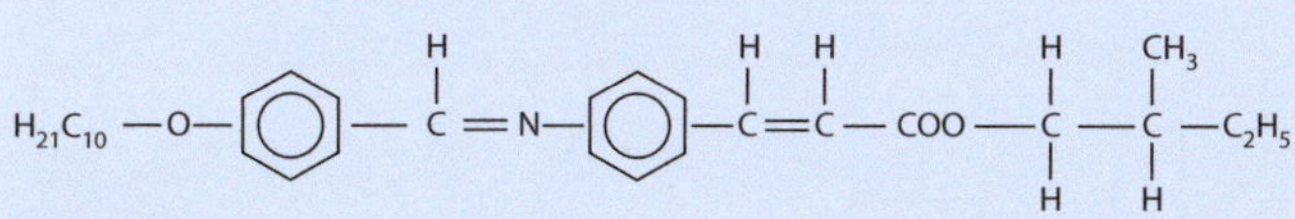

MHPOBC

4-1-Methyl-heptyloxycarbonyl-4'-phenyl-octyloxy-biphenyl-4-carboxylat

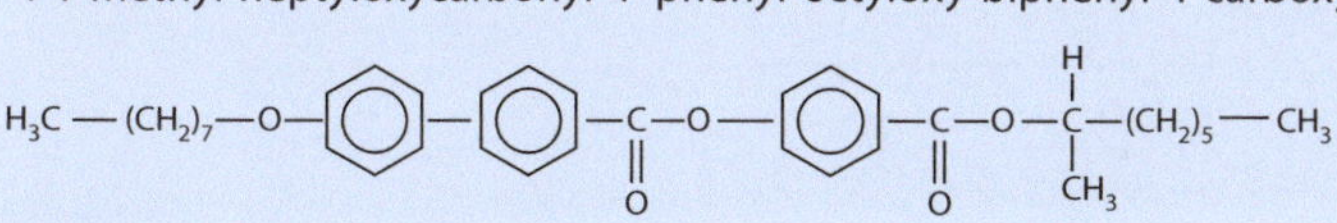

MHTAC

1-Methylheptyl-terephthalyden-bis-amino-zimtsäureester

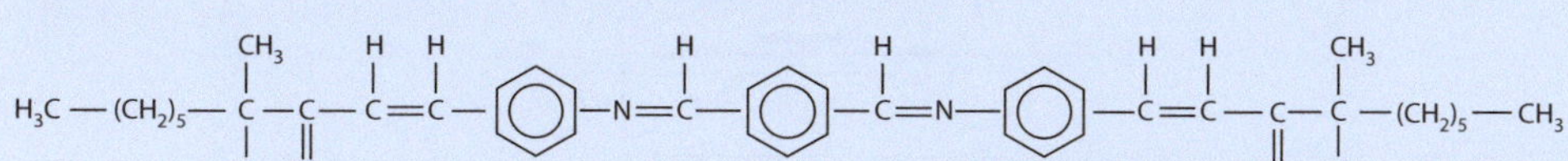

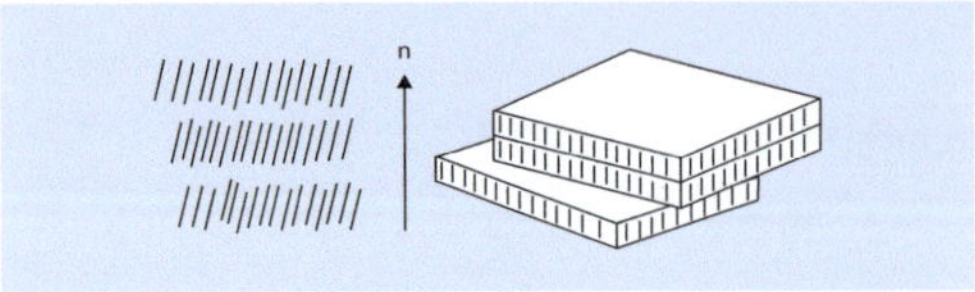

Weicht die Orientierung von 90° zur Schichtebene ab, spricht man von einer getilteten Phase. Getiltete smektische Phasen können ferroelektrisch sein und zeigen spontane Polarisation entlang einer Achse. Es handelt sich somit um anisotrope Werkstoffe.

Spontane Polarisation bedeutet, die gleichsinnige Orientierung elektrischer Dipole ohne Einwirkung eines äußeren Feldes.

(11) Feldeffekttransistor (FET)

Beim FET handelt es sich um den Typ eines Unipolartransistors. Die Funktion ist nicht an die n-p-n-Folge (oder p-n-p) als Sperrschichten gebunden. Der Ladungsträgertransport erfolgt durch einen Kanal. Es wird der Widerstand der Halbleiterstrecke (Kanal) für den Laststrom durch ein elektrisches Feld gesteuert, welches den Durchfluss der Ladungsträger verändert (siehe ◘ Abb. A.9). Daraus ergibt sich die Bezeichnung Feldeffekttransistor (FET). Man unterscheidet FET mit n-Kanal und FET mit p-Kanal. Der Kanal endet in den Anschlüssen Source (*Quelle*) und Drain (*Senke*). Der elektrische Kontakt an den Kanal ist das Gate (*Tor*).

(12) konjugiertes Doppelbindungssystem

Eine Doppelbindung besteht aus einer stabilen σ-Bindungund einer labilen π-Bindung Enthält eine C-Kette mehrere π-Elektronenpaare, können diese entlang der Kette verschoben werden und durch „Hüpfprozesse" (Hopping-Leitung) die Kette wechseln. Es entsteht eine Elektronenleitung. Ein einfaches konjugiertes Doppelbindungssystem enthält das Polyacetylen, siehe ◘ Abb. A.10, das durch Polymerisation von Ethin entsteht.

(13) Verfestigungsmechanismen von Klebern

Bei physikalisch härtenden (trocknenden Klebstoffe)n erfährt der Kleber in Analogie zu physikalisch trocknenden Lacken keine stoffliche Veränderung. Die Klebstoffmoleküle sind

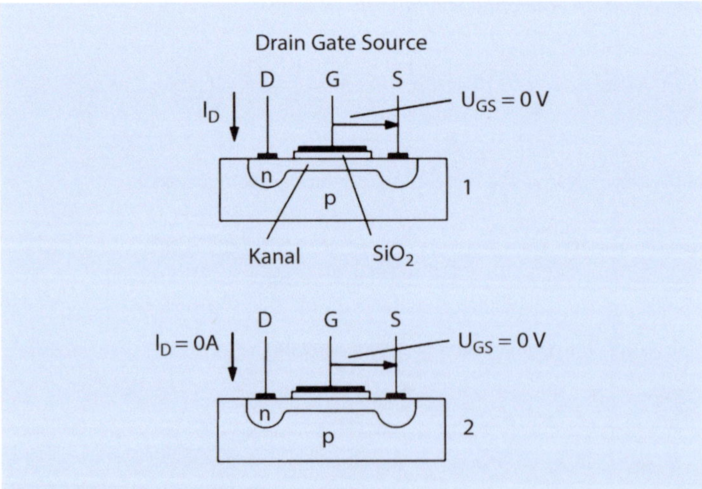

◘ **Abb. A.9** Prinzip eines FET, 1 = ohne Steuerspannung U_{GS}, 2 = mit U_{GS} [9]

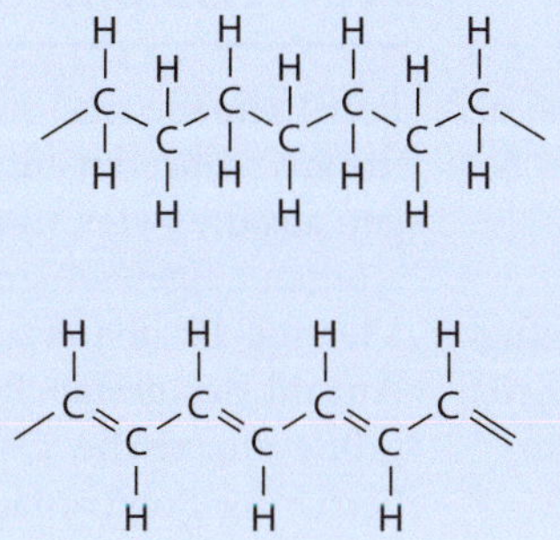

Abb. A.10 konjugiertes Doppelbindungssystem

in einer geeigneten Phase (org. Lösungsmittel, H_2O, Weichmacher) gelöst. Die Fügeteile müssen vom Klebstoff benetzt werden. Der verbindende Klebstofffilm entsteht durch Entfernen der Lösungsphase. Ist die Filmbildung verbunden mit dem Ablauf chemischer Reaktionen handelt es sich um die chemische Trocknung. Derartige Reaktionen sind Vernetzungen zwischen Polymermolekülen mit reaktionsfähigen Gruppen durch Polykondensation, Polyaddition und Polymerisation. Eine spezielle Art er chemischen Trocknung verläuft durch Vernetzung über Sauerstoffbrücken, der oxidativen Trocknung.

(14) Verarbeitungseigenschaften von Kunststoffen

Man unterscheidet bei der Einteilung der Kunststoffe in Abhängigkeit von der Struktur:

Plastomere (Thermoplaste) - Diese Kunststoffe bestehen aus unvernetzten Makromolekülen; deshalb sind sie thermisch reversibel erweichbar und damit verformbar, einige schmelzbar (Spritzguss).

Duromere (Duroplaste) - Sie sind stark vernetzt, deshalb thermisch nicht erweichbar und bei erhöhter Temperatur erfolgt Zersetzung (irreversibel)

Elastomere - Sie sind chemisch weitmaschig vernetzte Raumnetzmoleküle (schwach vernetzt) und verhalten sich bei Raumtemperatur gummielastisch. Bei erhöhter Temperatur erfolgt Zersetzung, da die Vernetzungen ohne Zersetzung des Materials nicht gelöst werden können.

Thermoplastische Elastomere (Thermoelaste) - Sie (lineare Elastomere; Kurzzeichen TPE) sind Kunststoffe, die sich bei Raumtemperatur vergleichbar den schwachvernetzten klassischen Elastomeren verhalten. Unter Wärmezufuhr lassen sie sich plastisch verformen, und haben somit thermoplastisches Verhalten. Thermoplastische Elastomere finden sich in der Literatur auch unter den Begriffen. Polyblend oder Polymerlegierungen. Eine Polyblend entsteht durch Mischung von einzelnen Sorten thermoplastischer Polymere.

Werkstoffbeispiele für thermoplastische Elastomere sind:

TPO	=	Thermoplastische Elastomere auf Olefinbasis, vorwiegend PP/EPDM, z. B. Santoprene (*AES/Monsanto*)
TPV	=	Vernetzte thermoplastische Elastomere auf Olefinbasis, vorwiegend PP/EPDM, z. B. Sarlink (*DSM*)
TPU	=	Thermoplastische Elastomere auf Urethanbasis, z. B. Desmopan (*Bayer*)
TPC	=	Thermoplastische Copolyester, z. B. Hytrel (*DuPont*)
TPS	=	Styrol-Blockcopolymere (SBS, SEBS, SEPS, SEEPS und MBS) z. B. Septon (*Kuraray*)
TPA	=	Thermoplastische Copolyamide, z. B. PEBA [10]

(15) Aushärten

Der Aushärtungsvorgang, sowohl Warm- als auch Kaltaushärtung, vollzieht sich in drei Arbeitsstufen:

1. **Lösungsglühen**
   Die Legierung mit heterogenem Gefüge wird wärmebehandelt (Temperatur, Zeit), um homogene Mischkristalle zu bilden.
2. **Abschrecken**
   Hohe Abkühlungsgeschwindigkeit (z. B. Eintauchen in Wasser) verhindert die bei langsamer Abkühlung erfolgende Ausscheidung der im Gitter des Grundmetalls gelösten Legierungsatome (Zwangslösung).
3. **Aushärten**
   Bei Raumtemperatur (Kaltaushärten) bzw. höheren Temperaturen (Warmaushärten) erfolgt die Bildung von GP Zonen (Guinier-Preston-Zonen) (siehe ◘ Abb. A.11), wodurch die Verformung des Kristallgitters erschwert wird; die Wanderung von Versetzungen ist blockiert.

(16) Prismane

Polyprismane sind stäbchenförmige Moleküle, die aus mehreren aufeinander gestapelten Ringen aus drei, vier, fünf oder sechs Kohlenstoffatomen aufgebaut sind. Die Dreiring- und die Vierring-Prismane zeigen, unabhängig von der Anzahl der gestapelten Ringe, in etwa gleich große auxetische Effekte. Die Fünf- und die Sechsring-Polyrismane weisen einen deutlich höhreren auxetischen Effekt auf.) (◘ Abb. A.12) [12]

(17) Hochleistungskunststoffe

Diese Kunstkunststoffe sind neben der höheren mechanischen Belastbarkeit insbesondere thermisch hochbelastbar (200–300 °C).Zu ihnen zählen die Kunststoffe PPS (Polyhenylensuldid), PEI (Polyetherimid) und PEEK (Polyetheretherketon).

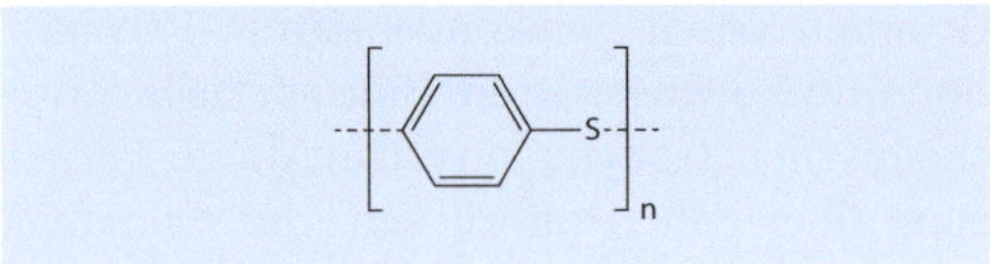

◘ **Polyphenylensulfid**

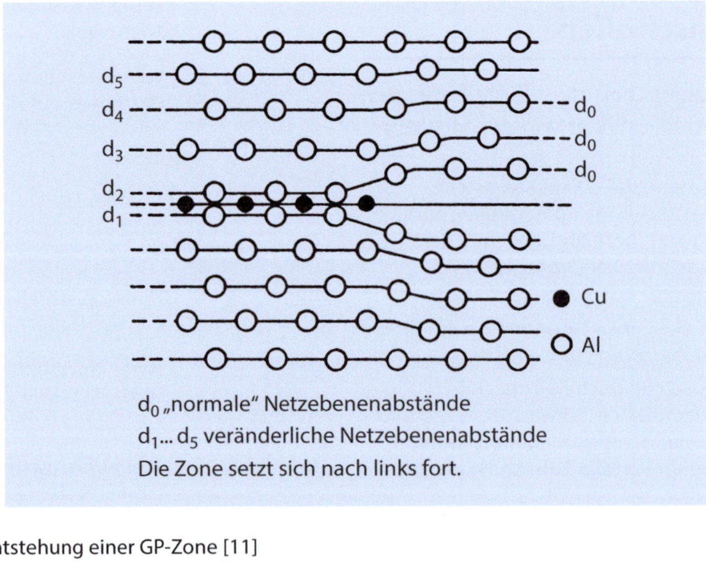

◘ **Abb. A.11** Entstehung einer GP-Zone [11]

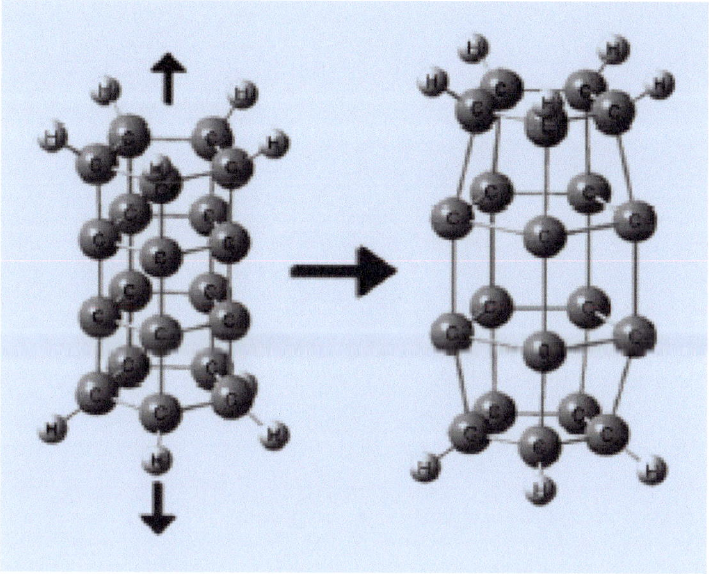

Abb. A.12 Polyprisman aus gestapelten Fünfer-Ringen

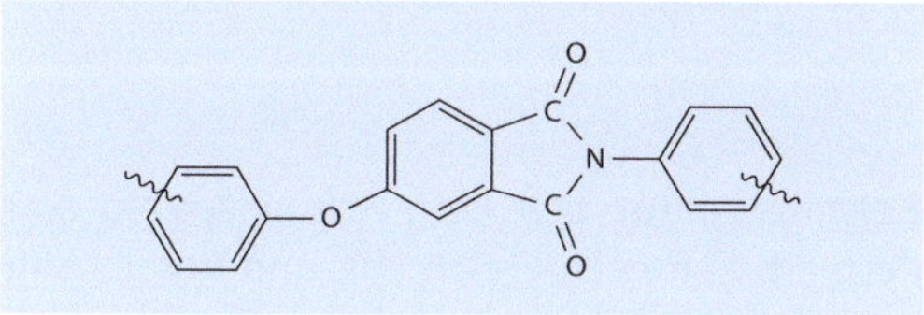

Poletherimid (allgemeine Strukturformel)

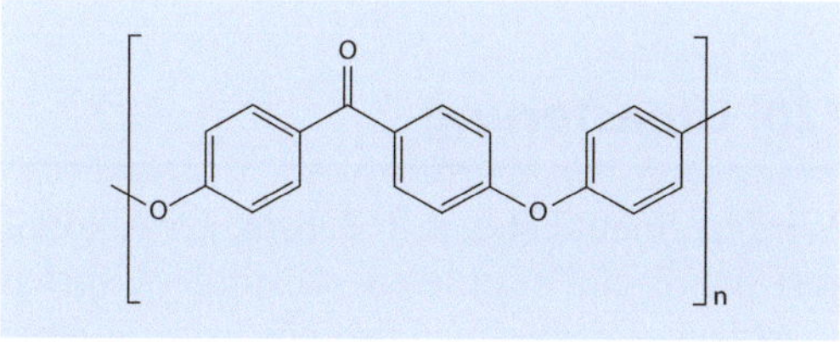

Polyetheretherketon

Die hohe thermische Stabiltät resultiert aus der linearen Verknüpfung von Benzol- oder Diphylgliedern über Ether-, Schwefel- bzw. Sulfonbrücken.

(18) Intermetallische Phasen

Bauen Atome, die teilweise Metall-und teilweise Ionenbindungen bilden, das Kristallgitter auf, kann es zur Entstehung von Phasen mit konstantem Mengenverhältnis der Atomsorten kommen (stöchiometrisches Verhältnis). Diese Phasen werden als intermetallische Phasen bzw. intermetallische Verbindungen bezeichnet.

Solche Phasen besitzen komplizierte Gitterstrukturen und extreme Eigenschaften, wie Härte, magnetisches Verhalten und elektrische Leitfähigkeit.

Typische Vertreter dieser Verbindungsklasse sind:

Fe_3C	Zementit in allen Stählen
$SmCo_5$	Hartmagnetischer Werkstoff
WSi_2	Thermisch stabil (Raketendüsen)
Nb_3Sn	Supraleiter

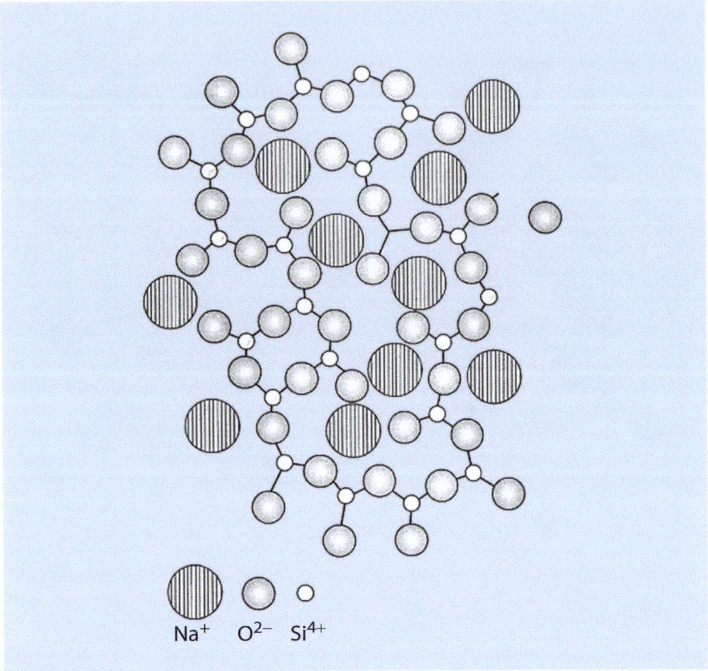

Abb. A.13 Netzwerk eines Natrium-Silicatglases [15]

$MgLi_4Al_4Nd_2$ und MgY_{13}	resorbierbare Legierungen in der Medizintechnik
$TiAl_6V_4$	Endoprothetik, Implantate

(19) Glas als Baustoff

Thermodynamisch lässt sich Glas als amorpher Feststoff definieren, der als unterkühlte eingefrorene Flüssigkeit vorliegt. SiO_4-Tetraeder bilden nach dem Schmelzen ein Netzwerk (Netzwerkbildner) aus, das durch den Einbau der Alkali-und Erdalkalionen (Netzwerkwandler) gestört wird, wie aus Abb. A.13 ersichtlich. Damit existiert im atomaren Bereich ein Ordnungszustand, aber keine Fernordnung. Gläser sind deshalb amorphe Stoffe, daraus resultiert ihr thermisches und mechanisches Verhalten. Auf Grund der fehlenden Kristallstruktur tritt kein Schmelzpunkt sondern ein Schmelzbereich auf, und unter Langzeitbelastung zeigen sie viskoses Fließen, stoßartige Belastung führt zum Sprödbruch (Bruchdehnung ca. 1 %). [13, 14].

(20) Umesterung

Wird in einem Ester, z. B. Rapsöl, der Alkoholrest durch einen anderen substituiert, spricht man von Umesterung, also ein Ester in einen anderen übergeführt.

Der in Europa genutzte Biodiesel besteht zu 75 % aus Rapsöl-Methylester (H_3COOC-R mit R = C17).

Rapsöl enthält bis zu 70 % der zweifach ungesättigten *Linolsäure* und bis zu 30 % der einfach ungesättigten *Ölsäure* als aliphatischer Rest R mit 17 C-Atomen.

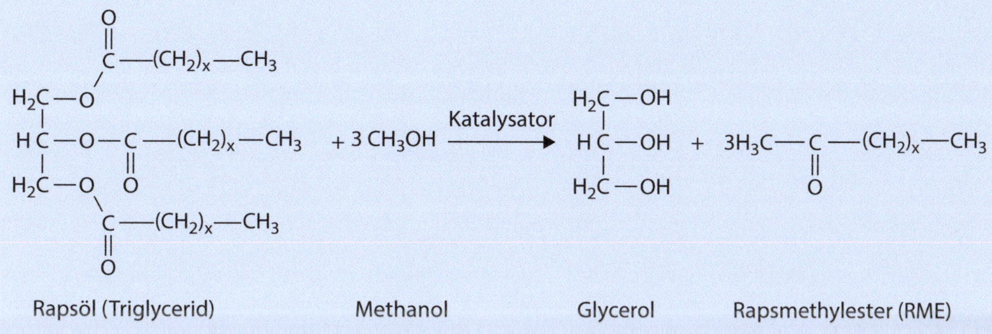

Literatur

1. Hofmann, Spindler. Werkstoffe in der Elektrotechnik, 8. Aufl. Hanser, S 40
2. Von Leyo – Eigenes Werk, Gemeinfrei, Von Leyo – Eigenes Werk, Gemeinfrei. ► https://commons.wikimedia.org/w/index.php?curid=9087551
3. Wie 1, S 195
4. Wie 1, S 277
5. Wie 1, S 164
6. ► http://www.chemie.de/lexikon/Lambdasonde.html
7. ► http://www.fernuni-hagen.de/imperia/md/content/fakultaetfuermathematikundinformatik/agjob/vortrag_gillert.pdf
8. Nach A. Büngers. In: ► https://www.thm.de/me/images/user/buengers-62/Aktorik/04_Unkonventionelle_Aktoren_SS_2012.pdf. Zugegriffen am 02.05.2018
9. Wie 1, S 208
10. ► http://www.chemie.de/lexikon/Thermoplastische_Elastomere.html
11. Wie 1, S 151
12. ► https://www.organische-chemie.ch/chemie/2006sep/auxetischemolekuele.shtm. Zugegriffen am 03.01.2019
13. ► https://www.unibw.de/werkstoffe/lehre/bachelorstudium/skripte-werkstoffe/glas-2018.pdf/view
14. ► www.chemiedidaktik.uni-jena.de/chedidmedia/Glas.pdfm
15. Wie 1, S 94

Stichwortverzeichnis

Q

R

S

T

U

V

MIX
Papier aus verantwortungsvollen Quellen
Paper from responsible sources
FSC® C105338

If you have any concerns about our products,
you can contact us on
ProductSafety@springernature.com

In case Publisher is established outside the EU,
the EU authorized representative is:
Springer Nature Customer Service Center GmbH
Europaplatz 3, 69115 Heidelberg, Germany

Printed by Libri Plureos GmbH
in Hamburg, Germany